农药与农作物有害生物
综合防控

■ 史致国　金红云　主编 ■

中国农业科学技术出版社

图书在版编目（CIP）数据

农药与农作物有害生物综合防控/史致国，金红云
主编.—北京：中国农业科学技术出版社，2015.1
　ISBN 978-7-5116-1860-3

　Ⅰ.①农… Ⅱ.①史…②金… Ⅲ.①农药施用—安
全技术 ②作物—病虫害防治 Ⅳ.① S48 ② S435

中国版本图书馆CIP数据核字(2014)第244927号

责任编辑	史咏竹	
责任校对	贾晓红	

出　版	中国农业科学技术出版社	
	北京市中关村南大街12号　　　　邮编：100081	
电　话	（010）82106626（编辑室）	
	（010）82109702（发行部）　82109709（读者服务部）	
传　真	（010）82106626	
网　址	http://www.castp.cn	
经　销	各地新华书店	
印　刷	北京富泰印刷有限责任公司	
开　本	880mm×1 230mm　1/32	
印　张	7.375	
字　数	188千字	
版　次	2015年1月第1版　2016年12月第2次印刷	
定　价	36.80元	

前　言

随着人民生活水平的逐步提高，农产品质量安全与生态环境安全受到了社会各界广泛关注。为确保农产品质量安全与生态环境安全，近年来农业工作者在工作方式、方法上做了大量创新并取得了一定成效，从而有效地宣传和贯彻了"预防为主，综合防治"的植保方针与"公共植保""绿色植保"的植保理念，为保障农业生产和农产品质量安全，推动农业、农村经济发展，促进保护公共健康和生态环境发挥了重要作用。

农药与农作物有害生物综合防控是影响农产品质量安全与生态环境安全的两项重要因素。一方面农药质量的优劣不仅影响到农作物有害生物的防治效果，也影响着农业生态环境安全；另一方面是否掌握农作物有害生物综合防控技术也会影响到农药使用量、有害生物防治效果、农产品质量安全、农业生态环境安全。农药使用者掌握农药与农作物有害生物防控知识就显得十分重要。

北京市通州区植物保护站的专业技术人员根据多年实际工作经验，分基础知识问答、相关法律法规、农作物主要病虫草害识别与防治3部分，就农药与农作物有害生物综合防控相关知识点进行了讲解。本书针对性强、通俗易懂、系统全面、涵盖范围较广，是一本针对农药生产者、经营者与使用者的科普书，旨在帮助提高生产者、经营者与使用者的专业素质、知识水平，增强法律法规意识，从而确保农产品质量安全与生态环境安全。

本书在编写过程中参考了部分文献资料，并得到了北京市植物保护站高级农艺师李常平、潘洪吉两位专家的热情指导，在此特别致谢。

作者的专业水平有限，书中难免存在错误与不足，敬请读者批评指正。

作　者
2014 年 9 月

目　录

上篇　基础知识问答

一、基础知识

二、农药标签解读

三、农药生产须知

四、农药经营须知

五、农作物有害生物综合防控

中篇　法律法规

一、相关违法行为

二、相关法律法规

下篇 农作物主要病虫草害识别与防治

一、小麦病虫草害

二、玉米病虫草害

三、茄科蔬菜病虫害

四、葫芦科蔬菜病虫害

五、菊科蔬菜病虫害

六、葱蒜类病虫害

七、十字花科蔬菜病虫害

八、豆类蔬菜病虫害

九、草莓病虫害

十、食用菌病虫害

上 篇

基 础 知 识 问 答

一、基础知识

1. 农药的法律定义是什么？

依据《农药管理条例》第二条的规定，农药是指用于预防、消灭或者控制危害农业、林业的病、虫、草和其他有害生物，以及有目的地调节植物、昆虫生长的化学合成或者来源于生物、其他天然物质的一种物质或者几种物质的混合物及其制剂。

2. 按照不同目的、场所农药可以分为哪几类？

按照不同目的、场所农药可以分为以下几类：

（1）预防、消灭或者控制危害农业、林业的病、虫（包括昆虫、蜱、螨）、草、鼠和软体动物等有害生物的；

（2）预防、消灭或者控制仓贮病、虫、鼠和其他有害生物的；

（3）调节植物、昆虫生长的；

（4）用于农业、林业产品防腐或者保鲜的；

（5）预防、消灭或者控制蚊、蝇、蜚蠊、鼠和其他有害生物的；

（6）预防、消灭或者控制危害河流堤坝、铁路、机场、建筑物和其他场所的有害生物的。

3. 按照原料来源农药可分为哪几类？

农药按照原料来源可分为化学农药、微生物源农药和植物源农药。

（1）化学农药：又可分为有机农药和无机农药两大类。有机农药是一类通过人工合成的对有害生物具有杀伤能力或调节其生长发育的有机化合物，如敌敌畏、三唑酮和2,4-D丁酯等。无机农药包括天然矿物等，可直接用来杀伤有害生物，如硫黄和硫酸铜等。

（2）微生物源农药：这类农药是利用一些对病虫有毒、有杀伤作用的有益微生物，包括细菌、真菌和病毒等，通过一定的方法培养、加工而成的一类药剂，如苏云金杆菌和白僵菌等。

（3）植物源农药：这是一类以植物为原料加工制成的药剂，如小檗碱和除虫菊素等。

4. 按照防治对象农药可分为哪几类?

按照防治对象农药可分为杀虫剂、杀螨剂、杀菌剂、杀鼠剂、杀软体动物剂、杀线虫剂、除草剂、植物生长调节剂等。

5. 什么是杀虫剂?

对昆虫机体有直接毒杀作用，以及通过其他途径可控制其种群形成或可减轻害虫为害程度的药剂称之为杀虫剂。杀虫剂主要通过胃毒、触杀、熏蒸和内吸4种方式起到杀死害虫作用。

6. 什么是杀菌剂?

对病原菌能起到杀死、抑制或中和其有毒代谢物，从而可使植物及其产品免受病菌为害或可消除症状的药剂称之为杀菌剂。使用杀菌剂后，对作物的效果表现为保护作用、治疗作用和铲除作用。具有保护作用的杀菌剂，要求能在作物表面上形成有效的覆盖度，并有较强的黏着力和较强的持效期。具有治疗作用和铲除作用的杀菌剂，要求使用后能较快的发挥作用，控制病害的发展，但不要求有较长的持效期。

7. 什么是除草剂?

除草剂是指可使杂草彻底地或选择地发生枯死的药剂。除草剂按作用性质可分为灭生性除草剂与选择性除草剂两类。灭生性除草剂在常用剂量下可以杀死所有接触到药剂的绿色植物,如草甘膦、百草枯等;选择性除草剂是在一定的浓度和剂量范围内杀死或抑制部分植物,而对另外一些植物安全。选择性除草剂可在作物与杂草共存时使用,目前使用的除草剂大多数属于此类,如乙草胺、烟嘧磺隆等。

8. 什么是植物生长调节剂?

人工合成的对植物生长发育有调节作用的化学物质和从生物中提取的天然植物激素称为植物生长调节剂。常见的如赤霉素、多效唑、乙烯利等。

9. 什么是生物农药?

生物农药主要指以动物、植物、微生物本身或者它们产生的物质为主要原料加工而成的农药。生物农药大致可分为植物源农药:如苦参碱、烟碱等;微生物源农药:如苏云金杆菌、白僵菌等;天敌生物:如松毛虫赤眼蜂、捕食螨、丽蚜小蜂等;生物化学农药:如赤霉素、矮壮素等;蛋白或寡聚糖类农药:如香菇多糖、几丁聚糖等;农用抗生类农药:如中生菌素、春雷霉素等。

10. 使用生物农药有哪些好处?

使用生物农药有如下优点:

(1)对人畜比较安全。绝大多数生物农药为低毒或微毒,不易对使用者产生毒害。

（2）更有利于农产品质量安全。生物农药容易分解，不易污染农产品，生产的农产品质量有保证，安全放心。

（3）选择性强，防治对象相对单一。大部分生物农药选择性强，只对防治的病虫害有效，病毒、性诱剂等农药只对相应的病虫害起作用，不伤害蜜蜂、鸟、鱼、青蛙等，而且容易分解，用后又回归到了自然界。例如，甜菜夜蛾核型多角体病毒只对甜菜夜蛾起防治作用。

（4）不容易产生抗性。生物农药治标更治本，不容易产生抗药性，使用多年一样有效。

11. 哪些农药是假农药？

依据《农药管理条例》第三十一条第二款的规定，下列农药为假农药：

（1）以非农药冒充农药或者以此种农药冒充他种农药的；

（2）所含有效成分的种类、名称与产品标签或者说明书上注明的农药有效成分的种类、名称不符的。

12. 哪些农药是劣质农药？

依据《农药管理条例》第三十二条第二款的规定，下列农药为劣质农药：

（1）不符合农药产品质量标准的；

（2）失去使用效能的；

（3）混有导致药害等有害成分的。

13. 常见农药剂型与英文缩写有哪些？

常见的农药剂型及其英文缩写见下表：

表 农药剂型与英文缩写

农药剂型	英文缩写	农药剂型	英文缩写	农药剂型	英文缩写
气雾剂	AE	诱芯	GD	悬浮剂	SC
水溶粉剂	AF	大粒剂	GG	种衣剂	SD
水 剂	AS	颗粒剂	GR	悬乳剂	SE
缓释剂	BR	干粉种衣剂	GZ	可溶粒剂	SG
微囊粒剂	CG	泡腾颗粒剂	KPP	可溶液剂	SL
微囊悬浮剂	CS	电热蚊香液	LV	可溶性液剂	SLX
可分散液剂	DC	蚊 香	MC	展膜油剂	SO
干悬浮剂	DF	微乳剂	ME	可溶粉剂	SP
粉 剂	DP	微粒剂	MG	可溶性粉剂	SPX
粉尘剂	DPC	电热蚊香片	MV	可湿粉种衣剂	SZ
干拌种剂	DS	油悬浮剂	OF	原 药	TC
泡腾粒剂	EA	油 剂	OL	原 粉	TF
乳 油	EC	油分散粉剂	OP	母 药	TK
油乳剂	EO	饵 片	PB	超低容量液剂	UL
水乳剂	EW	涂抹剂	PF	熏蒸剂	VP
细粒剂	FG	泡腾片剂	PP	水分散粒剂	WG
烟雾剂	FK	毒 饵	RB	可湿性粉剂	WP
悬浮种衣剂	FS	饵 剂	RG	湿拌种剂	WS
悬浮拌种剂	FSB	热雾剂	RR		
烟 剂	FU	水乳种衣剂	RSC		

14. 什么是农药毒性?

农药对人、畜及其他有益生物产生直接或间接的毒害作用，或使其生理机能受到严重破坏的性能称为农药毒性。农药毒性大小用致死中量（LD_{50}）、致死中浓度（LC_{50}）方式表示。

15. 什么是致死中量（LD_{50}）和致死中浓度（LC_{50}）?

致死中量（LD_{50}）也称半数死亡量，即在规定的时间内，使一组实验动物的 50% 个体发生死亡的毒性剂量。致死中量（LD_{50}）剂量数值越大，农药的毒性就越小。致死中量（LD_{50}）剂量数值越小，农药毒性就越大。

致死中浓度（LC_{50}）也称半数致死浓度，即在规定的时间内，使一组实验动物的 50% 个体发生死亡的毒性浓度。致死中浓度（LC_{50}）浓度越高，农药毒性越小。致死中浓度（LC_{50}）浓度越低，农药毒性越大。

16. 农药毒力和药效在指导防治上有哪些区别?

农药的毒性程度以毒力或药效作为评价的指标。农药的毒力指药剂本身对不同生物发生直接作用的性质和程度。毒力测定一般多在室内进行，所测定结果一般不能直接应用于田间，只能提供防治上的参考。药效是药剂本身和多种因素综合作用的结果，药效多是在田间条件下或接近田间的条件下紧密结合生产实际进行测试的，因此，对防治工作具有实用价值。

17. 农作物病害症状有哪些?

农作物受病原物侵染或不良环境因素影响后，在组织内部或外表显露出来的异常状态，称为症状。症状通常可用病状和病征来描述。病状类型包括变色、坏死、腐烂、萎蔫、畸形；病征类型包括霉状物、粉状物、锈状物、粒状物、索状物、胶状物。

18. 侵染性病害和生理性病害有什么区别？

生理性病害也称非侵染性病害，是由非生物因素，即由于不适宜的环境条件而引起的农作物病害。由生物因素引起的农作物病害，称为侵染性病害。生理性病害没有病原物的侵染，不能在农作物个体间互相传染。侵染性病害可以在农作物个体间互相传染。

19. 如何诊断非侵染性病害？

引起非侵染性病害的因素很多，但从病害特点、发病范围、周围环境和病史等方面进行分析，可帮助诊断其病因：

（1）病害突然大面积同时发生，发病时间短，只有几天。这类病害往往是由大气污染或气候因素（冻害、干热风、日灼等）所致。

（2）农作物根系发育差，根部发黑，大多与土壤水分多、板结而缺氧，有机质不腐熟而产生硫化氢或废水中毒等有关。

（3）有明显的灼伤、枯斑，而且多集中在作物某一部位（叶或芽上），也没有发病史，大多是使用农药或化肥不当所引起。

（4）出现黄化或特殊缺素症，多见于老叶或顶部新叶。

（5）病害只限于某一品种发生，表现为生长不良或与系统性症状相似，多为遗传性障碍。

20. 侵染性病害病原物有哪些？

引起农作物病害的生物因素称为病原物，主要有真菌、细菌、病毒、线虫和寄生性种子植物等。

21. 病原物越冬或越夏场所有哪些?

病原物越冬或越夏场所有以下几种:

(1)田间病株。在寄主内越冬或越夏是病原物一种休闲方式。对于多年生植物,病原物可以在病株体内越冬。其中,病毒以粒体,细菌以细胞,真菌以孢子、休眠菌丝或休眠组织(如菌核或菌索)等在病株的内部或表面度过夏季或冬季,成为下一个生长季节的初侵染来源。

(2)种子、苗木和其他繁殖材料。种子携带病原物可分为种间、种表和种内3种。使用带病的繁殖材料不但会使植株本身发病,而且可能成为田间的发病中心并传染给邻近的健株,造成病害的蔓延。此外,带病的种子、苗木和其他繁殖材料还可以通过繁殖材料的调运,将病害传播到新的地区。

(3)病株残体。绝大部分非专性寄生的真菌、细菌都能在病株残体中存活一定的时间。因此,加强田间卫生,彻底清除病株残体,集中销毁或采取病株残体分解的措施,都有利于消灭或减少初侵染来源。

(4)土壤。土壤也是多种病原物越冬或越夏的主要场所。土壤温度比较低而且土壤比较干燥时,病原物容易保持它的休眠状态,存活时间就较长;反之存活则短。

(5)肥料。病原物可以随着病株残体进入肥料或以休眠组织直接进入肥料,肥料如未充分腐熟,其中的病原体就可以存活下来。

22. 线虫为害植物为什么叫线虫病?

线虫是一类很小很像蛔虫一样的线形动物。线虫种类有数十万种,常见为害蔬菜的有根结线虫、根腐线虫、肾形线虫等,其中根结线虫是目前为害最严重的种类。由于线虫个体微小，肉眼看不见，为害作物后形成的症状与其他病害很难区别，所以人们把线虫对作物的为害习惯称为线虫病害。

23. 根据口器的不同，害虫可分为哪几类？

根据口器的不同，害虫可分为如下几类：

（1）咀嚼式害虫，如蝗虫、黏虫、叶甲、卷叶蛾、螟蛾、天牛等；

（2）刺吸式害虫，如蝽、蚜虫、叶蝉和飞虱等；

（3）虹吸式害虫，如蛾类和蝶类等；

（4）舐吸式害虫，如家蝇等；

（5）锉吸式害虫，如蓟马等。

24. 咀嚼式害虫和刺吸式害虫可分为哪几类？

根据害虫在植物上的取食部位和为害特点，咀嚼式害虫可分为食根类害虫、食叶类害虫、蛀茎类害虫、蛀果类害虫、贮粮害虫五大类。

刺吸式害虫按其分类地位和为害方式可分为蝽类、叶蝉类、飞虱类、蚜虫类、蚧类、粉虱类。

25. 保护地蔬菜哪几类害虫发生最为严重？

在温室大棚这种环境封闭、空气湿度大、昼夜温度相差悬殊的特定条件下，潜叶蝇类、蚜虫类、害螨类和粉虱类害虫发生最为严重。这主要是因为棚室中环境稳定，个体较小的害虫不会受大风、暴雨的影响，从而导致害虫种群稳定，为害严重。

26. 保护地蔬菜害虫通过哪些方式进入棚室？

保护地蔬菜害虫主要通过以下方式进入棚室：一是在扣棚前，一些害虫已经生活在棚室内的杂草上，如温室白粉虱、茶黄螨等；二是随菜苗迁入，如部分白粉虱便是以产在叶片上的卵被带入棚室的；三是暂时潜藏在棚室内的土壤中，待扣棚后温度升高到一定范围内时，再出土为害，如螨类等。

27. 杂草主要分类方式有哪些？

依据不同学科的需要，杂草可以按其形态、生物学特性、生境生态等进行分类。

（1）形态学分类：禾草类、莎草类、阔叶草类；

（2）生物学特性分类：一年生杂草、二年生杂草、多年生杂草；

（3）生境生态学分类：耕地杂草、杂类草、水生杂草、草地杂草、森林杂草、环境杂草。

28. 农作物有害生物综合防治措施有哪些？

农作物有害生物综合防治是指根据生态学的原理和经济学的原则，选取最优化的技术组配方案，

农作物有害生物综合防治措施

把有害生物种群数量较长期地稳定在经济损害水平以下，以获得最佳的经济效益、生态效益和社会效益。综合防治措施包括植物检疫、农业防治、抗害性植物品种的利用、生物防治、物理防治以及化学防治等。

29. 什么是作物抗害品种？

作物抗害品种是指具有抗害特性的作物品种。它们在同样的灾害条件下，能通过抵抗灾害、耐受灾害、以及灾后补偿作用，减少灾害损失，取得较好的收获。作物品种的抗害性是一种遗传特性，包括抗干旱、抗涝、抗盐碱、抗倒伏、抗虫、抗病、抗草害等。

30. 什么是植物检疫？

植物检疫是指国家或地区政府，为防止危险性有害生物随植物及其产品的人为引入和传播，以法律手段和行政措施强制实施的保护性植物保护措施。它通过阻止危险性有害生物的传入和扩散，达到避免植物遭受生物灾害危害的目的。

种苗检疫

31. 地（市）、县级植物检疫机构的主要职责有哪些？

依据《植物检疫条例实施细则（农业部分）》第四条第三款的规定，地（市）、县级植物检疫机构的主要职责如下：

（1）贯彻《植物检疫条例》及国家、地方各级政府发布的植物检疫法令和规章制度，向基层干部和农民宣传普及检疫知识；

（2）拟订和实施当地的植物检疫工作计划；

（3）开展检疫对象调查，编制当地的检疫对象分布资料，负责检疫对象的封锁、控制和消灭工作；

（4）在种子、苗木和其他繁殖材料的繁育基地执行产地检疫；按照规定承办应施检疫的植物、植物产品的调运检疫手续；对调入的应施检疫的植物、植物产品，必要时进行复检；监督和指导引种单位进行消毒处理和隔离试种；

（5）监督指导有关部门建立无检疫对象的种子、苗木繁育、生产基地；

（6）在当地车站、机场、港口、仓库及其他有关场所执行植物检疫任务。

32. 什么是农业防治？

农业防治是指通过培育健壮植物，增强植物抗性、耐害和自身补偿能力等适宜的栽培措施降低有害生物种群数量、减少其侵染可能性或避免有害生物为害的一种植物保护措施。农业防治最大优点是不需要过多的额外投入，且易与其他措施相配套。主要做法有改进耕作制度、使用无害种苗、选用抗性良种、加强田间管理和安全收获等。

33. 什么是物理防治？

物理防治是指利用各种物理因子、人工和器械防治有害生物的植物保护措施。常用的方法有人工和简单机械捕杀、温度控制、灯光诱杀、阻隔分离、微波辐射等。

灯光诱杀

34. 什么是生物防治？

生物防治是指利用有益生物及其产物控制有害生物种群数量的一种防治技术。根据生物之间的相互关系，针对性地增加有益生物种群数量，从而取得控制有害生物的效果。生物防治的途径有保护有益生物、引进有益生物、有益生物的人工繁殖与释放、生物产物的开发利用等。松毛虫赤眼蜂防治玉米螟就是生物防治中的一项措施。

35. 什么是化学防治？

化学防治是指利用化学药剂防治有害生物的一种技术。主要是通过开发适宜的农药品种，并加工成适当的剂型，利用适当的机械和方法处理作物植株、种子、土壤等，来杀死有害生物或阻止其侵染为害。

36. 什么是防治适期？

防治适期是指防治病虫草等有害生物为害的最佳时期。任何一种病虫草害都有它的防治适期。使用农药防治农作物有害生物要根据具体情况而定，用药过早或过晚都不能达到理想的防治效果。只有正确选择防治适期才能达到最理想的防治效果。不同的病虫草害有不同的防治适期，一般情况可根据当地农业部门的预测预报来确定。

37. 哪些原因可导致农药防治效果不理想？

导致农药防治效果不理想的原因主要有以下几方面：

（1）农药产品质量不合格。农药质量的优劣直接影响到农作物的防治效果。如果使用假劣农药防治农作物有害生物，必然导致对有害生物防治效果差。

（2）未按标签规定使用。没有严格按照农药标签上规定的防治作物、防治对象、防治方法及用药量施用农药。

（3）农药标签不合格。有的农药生产企业在未经试验、示范的情况下，擅自修改标签，扩大已登记农药的适用范围，从而导致农药使用效果可能不理想。

（4）环境气候影响。施药方法与气候等环境条件，也会影响施药效果。如使用除草剂进行土壤封闭时，水量不足就会影响防治效果。

（5）农作物有害生物对个别农药产生抗药性。

38. 影响农药产品质量的因素有哪些？

除农药有效成分含量外，还有以下因素影响农药质量：

（1）产品配方。产品中有效成分以外的组成部分及其含量，不仅影响产品的技术指标，还影响产品的稳定性和使用效果。

（2）产品加工工艺。加工工艺对产品的性能、稳定性有直接关系。

（3）产品贮存环境。在高温、潮湿和光照的条件下，易引起农药有效成分分解。在低湿的条件下，易引起有效成分析出。

（4）产品贮存时间。一般农药的产品质量保质期为2年，在保质期后，产品可能难以达到相应的质量标准。

39. 使用假劣农药容易造成哪些后果？

使用假劣农药易造成以下不良后果：

（1）导致减产或绝收。使用假劣农药防治效果差，易造成农作物药害，导致农作物减产或绝收，影响下茬作物生长。

（2）农产品质量不合格。因使用假劣农药造成农作物农药残留超标，导致采收后的农产品品质下降，甚至造成农产品质量不安全，影响农民收入。

（3）人畜中毒。使用假劣农药易引起使用人员中毒或食用农药残留超标农产品的人畜中毒。

（4）使用假劣农药会影响环境安全，容易造成水、土壤等环境污染。

40. 什么是农民田间学校？

农民田间学校是以"农民"为中心，以"田间"为课堂，参加学习的学员均为农民，由经过专

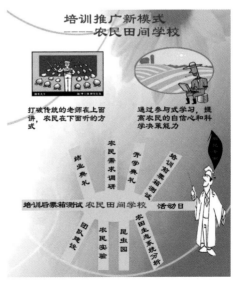

农民田间学校模式

业培训的农业技术员担任辅导员，在作物全生育期的田间地头开展培训。

农民田间学校与其他学校的不同之处在于，辅导员不是通过讲课方式向农民传授技术，而是围绕农民学员设计问题、组织活动，鼓励和激发农民在生产中发现问题、分析原因、制订解决方案并完成实施，使其最终成为现代新型农民或农民专家。

41. 什么是绿色防控？

绿色防控是指以保护农作物安全生产、减少化学农药使用为目标，采取生态控制、生物防治、物理防治等环境友好型措施来控制有害生物的行为。

绿色防控从农田生态系统整体出发，以农业防治为基础，积极保护利用自然天敌，恶化病虫的生存条件，提高农作物抗病虫能力，在必要时合理地使用化学农药，将病虫危

绿色防控技术

害损失降到最低限度。它是持续控制病虫灾害，保障农业生产安全的重要手段；是通过推广应用生态调控、生物防治、物理防治、科学用药等绿色防控技术，以达到保护生物多样性，降低病虫害暴发几率的目的；是促进标准化生产，提升农产品质量安全水平的必然要求；是降低农药使用风险，保护生态环境的有效途径。

42. 什么是工厂化育苗？

工厂化育苗是指在人工创造的最佳环境条件下，采用科学化、机械化、自动化等技术措施与手段，进行批量生产种苗的一种先进生产方式。与传统的育苗方式相比，具有用种量少、占地面积小，能够缩短苗龄、节省育苗时间，能够尽可能减少病虫害发生、提高育苗生产效率、降低成本，有利于统一管理、推广新技术等优点，可以做到周年连续生产。

43. 什么是农作物病虫害专业化统防统治？

农作物病虫害专业化统防统治是指具备一定植保技术条件的服务组织，采用先进、实用的设备与技术，为农民提供契约性的防治服务，开展社会化、规模化的农作物病虫害防治工作。

44. 什么是抗药性？

抗药性是指被防治对象（病虫草害）对农药的抵抗能力。抗药性可分自然抗药性和获得抗药性两种。自然抗药性又称耐药性，是由于生物种的不同，或同一种生物的不同生育阶段、不同生理状态对药剂产生不同耐力。获得抗药性是由于在同一地区长期、连续使用一种农药，或使用作用机理相同的农药，使害虫、病菌或杂草对农药抵抗力提高。

45. 什么是农药药害？

若使用农药方法不当，技术要求控制不严，不但不能达到防治病虫草、调节作物生长的效果，还能引起被保护的农作物或种子不能正常地生长发育、发生不正常的生理症状或其生产质量下降等不良情况，发生这样的现象便称为药害。

46. 什么是农药中毒？

在接触和使用农药过程中，由于缺乏安全预防措施或操作不当等，使农药侵入到人体超过了正常的最大忍受量，使人的正常生理功能出现失调，引起毒性危害和病理改变，表现出一系列中毒临床症状，就称之为农药中毒。农药中毒一般可分为急性中毒与慢性中毒两种。

47. 什么是农产品质量安全？

依据《中华人民共和国农产品质量安全法》第二条的规定，农产品是指来源于农业的初级产品，即在农业活动中获得的植物、动物、微生物及其产品。农产品质量安全，是指农产品质量符合保障人的健康、安全的要求。

48. 什么是农药残留？

使用农药防治病虫草害时，农药会附着在作物表面或进入作物体内，采收后仍然保留在作物表面或作物体内的现象叫做农药残留。农药残留的数量值称为农药残留量。为保证农产品质量，对于每一类作物（蔬菜），甚至每一种作物（蔬菜）的不同部位，国家都规定了允许的农药残留量。目前，我国参照 GB 2763—2014《食品安全国家标准食品中农药最大残留限量》执行。

49. 什么是农药安全间隔期？

农药安全间隔期是指最后一次施药至产品收获（采摘）前的这段时间。也就是自喷药后到农药残留量逐渐降低到最大允许残留量所需的间隔时间。果蔬等作物施用农药时，最后一次喷药与收获之间的时间间隔必须大于安全间隔期，以防产生农药残留超标。

50. 什么是无公害农产品？

无公害农产品是指产地环境、生产过程和产品质量均符合国家有关标准和规范的要求，经认证合格获得认证证书并允许使用无公害农产品标志的未经加工或者初加工的食用农产品。

无公害农产品标志

无公害农产品标志图案主要由麦穗、对勾和无公害农产品字样组成。麦穗代表农产品，对勾表示合格，金色寓意成熟和丰收，绿色象征环保和安全。

无公害农产品认证证书有效期限为 3 年，期满需要继续使用的，应在有效期满 90 日前按照《无公害农产品管理办法》规定的无公害农产品认证程序，重新办理。

51. 什么是绿色食品？

绿色食品是指产自优良的生态环境，按照绿色食品标准生产、实行全程质量控制并获得绿色食品标志使用权的安全、优质食用农产品及其相关产品。绿色食品又分 A 级绿色食品和 AA 级绿色食品。

绿色食品标志是指"绿色食品""Greenfood"、绿色食品标志图这三者相互组合。其中绿色食品标志图由 3 部分构成，即上方的太阳、下方的叶片和中心的蓓蕾。标志为正圆形，意为保护、安全。整个图形描绘了一幅明媚阳光照耀下的和谐生机，告诉人们绿色食品正是出自纯净、良好生态环境的安全无污染食品，能给人们带来蓬勃的生命力。绿色食品标志图还提醒人们要保护环境，通过改善人与环境的关系，创造自然界新的和谐。

绿色食品标志组合方式

绿色食品标志使用证书有效期为 3 年。在此期间，绿色食品生产企业须接受中国绿色食品发展中心委托的监测机构对其产品进行抽测，并履行《绿色食品标志使用协议》。期满若继续使用绿色食品标志，须于期满前半年内重新申请手续。

52. 什么是有机产品？

指来自有机农业生产体系，按照 GB/T 19630—2011《有机产品》相关生产要求和标准生产、加工并通过独立的有机食品认证机构认证的供人类消费、动物使用的产品，包括食用（初级及加工）农产品、纺织品及动物饲料等。有机农业是一种完全不用或基本不用人工合成的化肥、农药、生长调节剂和饲料添加剂的生产体系。

有机产品标识的图案由 3 部分组成，外围的圆形、中间的种子和周围的环形线条。外围的圆形形似地球，象征和谐、安全；圆形中的"中国有机产品"字样为中英文结合方式，即表示中国有机产品与世界同行，也有利于国内外消费者识别；种子的图形代表生命萌发之际的勃勃生机，象征了有机产品是从种子开始的全过程认证，同时昭示出有机产品就如刚刚萌发的种子，正在中国大地上茁壮成长。

中国有机产品与中国有机转换产品标识

53. 什么是地理标志产品?

地理标志产品是指产自特定地域，所具有的质量、声誉或其他特性本质上取决于该产地的自然因素和人文因素，经审核批准以地理名称进行命名的产品。

中华人民共和国地理标志保护产品标识

54. 哪些农产品不许可销售?

依据《中华人民共和国农产品质量安全法》第三十三条的规

定，有下列情形之一的农产品不得销售：

（1）含有国家禁止使用的农药、兽药或者其他化学物质的；

（2）农药、兽药等化学物质残留或者含有的重金属等有毒有害物质不符合农产品质量安全标准的；

（3）含有的致病性寄生虫、微生物或者生物毒素不符合农产品质量安全标准的；

（4）使用的保鲜剂、防腐剂、添加剂等材料不符合国家有关强制性的技术规范的；

（5）其他不符合农产品质量安全标准的。

55. 北京市区（县）级农药监管执法的负责部门是谁？

依据《农药管理条例》等法律法规的相关规定，北京市区（县）级农业行政主管部门负责本行政区域内的农药监督管理工作。

56. 北京市农药监督管理的执法依据有哪些？

北京市农药监督管理的执法依据有《农药管理条例》《农药管理条例实施办法》《农药标签和说明书管理办法》《北京市食品安全条例》，以及国家相关法律法规。

57. 什么是简易程序行政处罚？

简易程序行政处罚又称为当场处罚程序，指行政处罚主体对于事实清楚、情节简单、后果轻微的行政违法行为，当场作出行政处罚决定的程序。

可以适用简易程序的行政处罚案件，必须符合以下3个条件：

（1）违法事实确凿；

（2）对该违法行为处以行政处罚有明确、具体的法定依据；

（3）处罚较为轻微，即对公民处以 50 元以下的罚款或者警告，对法人或者组织处以 1 000 元以下的罚款或者警告。

58. 什么是一般程序行政处罚？

一般程序行政处罚是指做出行政处罚决定应当经过正常的普遍程序。包括立案、调查取证、告知处罚理由依据与享有权利、处罚决定的作出、处罚决定书的交付与送达等内容。

59. 监管机关开展农药监管的主要方式有哪些？

监管机关开展农药监管主要有下列 3 种方式：日常监管、监督抽查（包括指定对象监督抽查、交叉监督抽查、委托监督抽查）与大案要案查处。

60. 农业行政主管部门在开展日常监管工作中可以行使哪些职权？

根据有关法律法规相关规定，县级以上农业行政主管部门可以对本行政区域内的农药生产企业或经营单位行使下列职权：

（1）依法进行现场检查。农业行政主管部门有权进入销售门店、农药库房等场所进行检查，当事人不得拒绝。

（2）依法向有关当事人调查、了解情况。农业行政主管部门在出示证件、表明身份后，可以向企业的法定代表人、主要负责人、有关工作人员和经营单位了解是否有违法行为。被了解情况的有关人员须如实反映真实情况，不得拒绝和隐瞒。

（3）依法查阅、复印有关材料。农业行政主管部门有权查阅、复印涉嫌农药产品违法行为相关的合同、发票、账簿以及相关资料。

（4）依法监督处理假、劣农药。生产、经营假农药、劣质农药的单位，在农业行政主管部门或者法律、行政法规规定的其他有关部门的监督下，负责处理被没收的假农药、劣质农药。

（5）依法查处经营违法行为。农业行政主管部门对经营单位的违法行为，可以依据法律法规的规定，给予违法农药生产企业、经营单位责令改正、处罚、没收等处罚。

二、农药标签解读

1. 什么是农药标签?

农药标签是紧贴或印制在农药产品包装上直接向用户传递该农药性能、使用方法、毒性、注意事项等内容的技术资料,也是向使用者传递产品有关技术信息、指导安全合理用药的主要说明。农药标签上的名称、产品性能、用途等各项内容都有严格的试验依据,是农药生产企业对试验结果的高度概括和总结。农药标签具有一定的法律效力。农药生产企业进行产品登记时,产品标签上的内容都必须经过农药登记部门严格审查并获得批准后才允许使用。使用者严格按照标签上的说明使用农药,不仅能达到安全有效的目的,而且能起到保护消费者自身利益的作用。

2. 农药产品标签必须符合哪些要求?

农药产品标签必须符合以下要求:

(1)农药标签必须粘贴在农药产品的包装容器上。

(2)一种农药标签只能适用一种农药产品。

(3)农药标签标示的内容必须符合国家有关法律、法规的规定。农药标签标示的内容必须真实,并与农业部核准的备案标签一致。不得擅自修改产品的使用范围、防治对象,不得使用宣传等广告用语,也不能以粘贴的形式修改农药生产日期等标签内容。

(4)农药标签标示的内容应科学、准确并通俗易懂,以便于使用者能够正确理解和掌握该产品的性能、特征及正确的使用方法。

（5）农药在流通中，标签不得脱落，其内容不应模糊，必须保证用户在购买或使用时，标签上的文字、符号、图形清晰醒目，易于辨认和阅读。

（6）农药标签中的重要内容如农药名称、含量、剂型、有效成分、防治对象、使用方法、毒性标识等，应尽可能配置大的空间或置于显著位置。

（7）农药标签必须使用规范的中文简体汉字，少数民族地区可以同时使用少数民族文字。

（8）分装产品标签必须与原生产企业正式使用的标签内容一致。

3. 农药标签应当标注哪些内容？

农药标签是农药产品的身份证，合格的农药标签可以指导农民科学合理安全使用农药。按照《农药管理条例》和《农药标签和说明书管理办法》的规定，农药标签应标注以下内容：农药名称、有效成分及含量、剂型、农药登记证号或农药临时登记证号、农药生产许可证号或者农药生产批准文件号、产品标准号、企业名称及联系方式、生产日期、产品批号、有效期、重量、产品性能、用途、使用技术和使用方法、毒性及标识、注意事项、中毒急救措施、贮存和运输方法、农药类别、像形图及其他经农业部核准要求标注的内容。

产品附具说明书的，说明书应当标注前款规定的全部内容；标签至少应当标注农药名称、剂型、农药登记证号或农药临时登记证号、农药生产许可证号或者农药生产批准文件号、产品标准号、重量、生产日期、产品批号、有效期、企业名称及联系方式、毒性及标识，并注明"详见说明书"字样。

农保 ®

农药登记证号或临时登记证号：
农药生产许可证（或生产批准文件）号：
产品标准号：

氯氰·毒死蜱

总有效成分含量：522.5克/升
氯氰菊酯：47.5克/升
毒死蜱：475克/升
剂型：乳油

 中等毒

使用技术和使用方法：

作物	防治对象	制剂用药量	使用方法
棉花	棉铃虫	1200~1500毫升/公顷 80~100毫升/亩	喷雾

1. 本品应于棉铃虫卵孵化盛期至低龄幼虫钻蛀期间施药，注意喷雾均匀，视虫害发生情况，每10天左右施药一次，可连续用药约3~4次。
2. 本品对瓜类、烟苗期及草莓敏感，施药时应避免药液飘移到上述作物上，以防产生药害。
3. 大风天或预计1小时内降雨，请勿施药。

生产企业名称：
地址：　　　　　　邮编：
电话：　　传真：　　网址：

产品性能（用途）：

本品为有机磷类与菊酯类农药的混剂。具有触杀、胃毒和一定的熏蒸作用。作用于害虫的神经系统，可杀死棉花作物上的幼虫及幼虫，宜在幼虫早期防治。

注意事项：

1. 产品在棉花作物上使用的安全间隔期为21天，每个作物的最多使用次数为4次。
2. 本品由菊酯类农药与有机磷类农药混配而成，建议与其他作用机制不同的杀虫剂轮换使用。
3. 本品对蜜蜂、鱼类等水生生物、家蚕有毒，施药期间应避免对周围蜂群、蚕室和桑园附近及养水产养殖区施药。禁止在河塘等水体中清洗施药器具。
4. 本品可与呈碱性的农药等物质混合使用的手套，施药后应及时清洗。
5. 使用本品时应穿戴防护服和手套，避免吸入药液，施药期间不可吃东西和饮水。施药后应及时洗手、洗脸。

中毒急救：

中毒症状表现为流涎、流泪、恶心、呕吐等。
不慎吸入，应将病人移至空气流通处，不慎接触皮肤或眼睛，应用大量清水冲洗至少15分钟。误服时应立即携此标签将病人送医院诊治。
医生应首先判断中毒的主要原因，若判断为毒死蜱中毒，应立即使用阿托品和解磷定，洗胃时，应注意保护气管和食管。

贮存和运输：

本品应贮存于干燥、阴凉、通风、防雨、防日晒、远离火源或热源地，置于儿童接触不到之处，并加锁。勿与食品、饮料、种子、同储存其他商品同贮运。
用过的容器应妥善处理，不可做他用，也不可随意丢弃。

净含量：100毫升
生产日期：2014年01月08日　　批号：　　有效期：2年

红色标志带

杀虫剂

合格农药产品标签示例

杀鼠剂产品标签还应当印有或贴有规定的杀鼠剂图案和防伪标识。

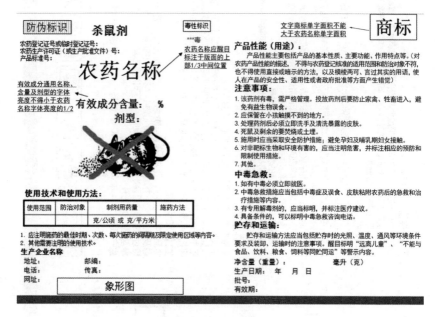

合格的杀鼠剂产品标签示例

分装的农药产品，其标签应当与生产企业所使用的标签一致，并同时标注分装企业名称及联系方式、分装登记证号、分装农药的生产许可证号或者农药生产批准文件号、分装日期，有效期自生产日期起计算。

4. 什么是农药"三证号"？

农药"三证号"是指农药登记证号（用 PD 或 PDN 表示）或农药临时登记证号（用 LS 表示），农药生产许可证号或农药生产批准文件号 (用 XK 或 HNP 表示)，产品标准号（国家标准用 GB、企业标准用 Q、行业标准用 NY 或 HG 表示）。分装的农药产品应同时标注分装登记证号，进口农药产品直接销售的，可以不标注农药生产许可证号或者农药生产批准文件号、产品标准号。

农药登记证号：PD20091693 农药生产批准文件号：NP11008-A6083 产品标准号：Q/SY BRD005-2007	生产企业农药登记证号：PD20050056 分装企业农药登记证号：PD20050056F070087 产品标准号：Q/3201SKSH026-2007 生产批准证号：HNP32153-P0475

农药三证号标注示例

5. 农药名称应怎样标注？

农药名称由有效成分中文通用名称、有效成分含量和加工剂型 3 部分组成。

（1）标签上的农药名称应使用农药有效成分中文通用名称，或由 2 个或 2 个以上的农药有效成分中文通用名称简称组成的名称。一个农药产品应只有一个产品名称。

农药名称标注方式示例

（2）农药名称要用醒目大字表示，并位于整个标签的显著位置。

（3）在标签的农药名称正下方标注产品中含有的各有效成分中文通用名称的全称、含量及加工剂型等。

（4）农药产品的有效成分含量通常采用质量百分数（%）表示，也可采用质量浓度（克/升）表示。特殊农药可用其特定的通用单位表示。

6. 农药有效成分含量如何表示？

农药产品的有效成分含量通常采用质量分数（%）表示，也可采用质量浓度（克/升）表示，特殊农药也可用特定的通用单位表示。

一般来说固体农药产品以质量百分含量（%）表示，如70%甲基硫菌灵可湿性粉剂、50%多菌灵可湿性粉剂。液体产品采用质量百分含量（%）表示，如1.8%阿维菌素乳油，也可采用单位体积质量（克/升）表示，如200克/升百草枯水剂。对于少数特殊农药，根据产品的特殊性，采取其特定的通用单位表示，如寡雄腐霉等产品采用单位质量中含有的活孢子数量（活孢子个数/克）表示。

7. 农药名称在农药标签上的标注方式有哪些要求？

为使人们能够方便阅读农药标签，《农药标签和说明书管理办法》第二十七条规定，农药名称应显著、突出，字体、字号、颜色应当一致，并符合下列要求：一是对于横版标签，应当在标签上部1/3范围内中间位置显著标出；对于竖版标签，应当在标签右部1/3范围内中间位置显著标出；二是不得使用草书、篆书等不易识别的字体，不得使用斜体、中空、阴影等形式对字体进行修饰；三是字体颜色应当与背景颜色形成强烈反差；四是除因包装尺寸的限制无法同行书写外，不得分行书写。

8. 为什么要取消农药商品名？

以前农药市场上农药商品名称五花八门，经常误导消费者正确选择和合理使用农药。多种农药商品名称不仅给农业生产和农产品质量安全带来了潜在的危害，而且也极大地破坏了农药市场公平竞争秩序。针对"一药多名"问题，2007年12月8日，《中华人民共和国农业部公告第944号》明文规定，自2008年7月1日起，农药生产企业生产的农药产品一律不得使用商品名称，而改用通用名称。取消商品名、规范农药产品名称是推进农药市场健康、有序发展的客观需要，是维护农民对产品知情权的客观需要，是保障农业生产和农产品安全的客观需要。

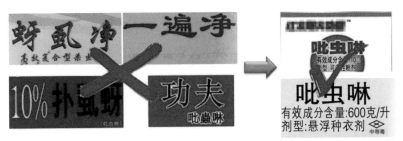

以前：一药多名　　　　　　现在：通用名称

取消商品名、规范农药产品名称

9. 农药商标上的®或 TM 含义是什么?

®是指该商标已在国家商标局[①]进行注册申请并已经商标局审查通过的"注册商标"，具有排他性、独占性、唯一性等特点，任何企业或个人未经注册商标所有权人许可或授权，均不可自行使用。

注册商标

标注 TM 的文字、图形或符号是商标，但不一定已经注册。TM 表示的是该商标已经向国家商标局提出申请，并且国家商标局也已经下发了《受理通知书》，

商标

进入了异议期，这样就可以防止其他人提出重复申请，也表示现有商标持有人有优先使用权。

---

① 中华人民共和国国家工商行政管理总局，全书简称国家工商局。

标签使用商标的，应当标注在标签的"边"或"角"；含文字的，其单字面积不得大于农药名称的单字面积。

10. 我国农药毒性标识是如何规定的？

农药产品毒性分为 5 级，即剧毒、高毒、中等毒、低毒和微毒。《农药标签和说明书管理办法》第十六条规定，农药标签上必须标明农药的毒性并按照下列规定分别标注：

剧毒农药：用黑框、黑骷髅图样 和红字"剧毒"字样表示。

高毒农药：用黑框、黑骷髅图样 和红字"高毒"字样表示。

中等毒农药：用黑框、黑十字标识 和红字"中等毒"字样表示。

低毒农药：用黑框黑字 标识表示。

微毒农药：直接用红字"微毒"字样表示。

毒性级别与原药的最高毒性级别不一致时，应当同时以红字加小括号标明原药的最高毒性级别。

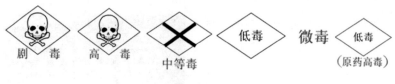

农药毒性标识

11. 农药种类标志带由哪几种颜色组成？

《农药标签和说明书管理办法》第二十条规定，农药类别应当采用相应的文字和特征颜色标志带表示。种类标志带分别由红色、黑色、绿色、蓝色和深黄色区别。红色标志带上应标注"杀虫剂"或"杀螨剂"或"杀虫/杀螨剂"或"杀软体动物剂";黑色标志带上应标注"杀菌剂"或"杀线虫剂";绿色标志带上应标注"除草剂";蓝色标志带上应标注"杀鼠剂";深黄色标志带上应标注"植物生长调节剂";不同类别混配的产品应同时标出。

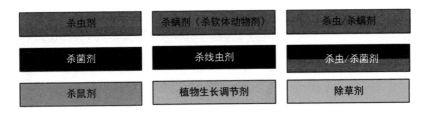

农药种类标志带

12. 什么是农药有效期（保质期）？

农药在生产企业生产包装之日起到没有降质降效的最后日期,这段时间叫做有效期,也叫保质期。在有效期内农药产品质量不能低于质量标准规定的各项技术指标,使用者按照农药标签上的防治对象、使用方法、施药浓度等规定应用,应能达到满意的防治效果而且不会产生药害。

13. 农药产品有效期（保质期）在农药标签上如何表示？

农药产品有效期一般用以下 4 种形式中的一种方式标明:

（1）生产日期（或批号）和质量保证期。如生产日期（批号）"2013-06-18",表示 2013 年 6 月 18 日生产,同时注明"产品保质期 × 年"。

（2）产品批号和有效日期。

（3）产品批号和失效日期。

（4）分装产品的标签上分别注明产品的生产日期和分装日期，其质量保质期执行生产企业规定的质量保质期。

14. 农药标签中的企业名称应如何标注？

依据《农药标签和说明书管理办法》第十条的规定，企业名称是指生产企业的名称，联系方式包括地址、邮政编码、联系电话等。进口农药产品应当用中文注明原产国（或地区）名称、生产者名称以及在中国办事机构或代理机构的

生产企业：河北省深州市奥邦农化有限责任公司
地址：河北省深州市双井工业区
电话：0318-3714409

生产企业名称：福建新农大正生物工程有限公司
地址：福建省福州市洋桥西路268号太阳城综合楼2号6F
邮编：350002 电话：0591-83792843传真：0691-83768749
网址：www.sinodashing.com

生产企业：日本曹达株式会社
分装单位：中农住商（天津）农用化学品有限公司
地址：天津市武清区杨村镇南电话：022-26971467邮编：301700

农药生产企业标注方式

名称、地址、邮政编码、联系电话等。《农药标签和说明书管理办法》第十条第三款的规定，除本办法规定的机构名称外，标签不得标注其他任何机构的名称。如果农药产品标签上标注了："××监制""××技术""××国家进口"等与本企业无关的单位或部门，则此标签就属于不合格农药标签。

15. 农药标签或说明书上有广告或夸张用语可以吗?

依据《农药标签和说明书管理办法》第二十四条的规定,标签不得标注任何带有宣传、广告色彩的文字、符号、图案,不得标注企业获奖和荣誉称号。如果农药标

广告用语的不合格农药标签

签上有"优质产品""农民的首选""绿色农业""保证高产""无效退款"和"保险公司保险""最好""最强""超高效""超内吸""特效""安全""无毒""无残留"和"防治效果高达×%以上"等广告宣传用语,那么这种农药标签就属于不合格农药标签。

16. 可以标注未经登记的使用范围和防治对象吗?

为进一步规范农药标签和说明书管理,完善农药登记制度,《农药标签和说明书管理办法》对农药标签内容进行了详细规定,其中明确要求农药标签和说明书上不得出现未经登记的使用范围和防治对象的图案、符号、文字。农药标签内容都是要经过农药管理部门审核的,需要经过登记备案以后才能印在标签上,擅自更改农药标签涉嫌违法。

17. 农药标签可以"粘贴"吗？

经核准的农药标签和说明书，农药生产、经营者不得擅自改变标签内容。如果农药生产企业、经营部门擅自以裁剪、粘贴和涂改等方式对农药标签进行修改或者补充，就属于违反了《农药标签和说明书管理办法》第五条的相关规定。

18. 农药标签应标明哪些注意事项？

农药标签应标明如下注意事项：

（1）标明该农药与哪些物质不能混合使用。

（2）按照登记批准内容，注明该农药限用的条件（包括时间、天气、温度、湿度、光照、土壤、地下水位、作物和地区等）。

（3）注明该农药已制定国家标准的安全间隔期，一季作物最多使用的次数等。

（4）注明使用该农药时需穿戴的防护用品、安全预防措施及注意事项等。

（5）注明施药器械的清洗方法、残剩药剂的处理方法等。

（6）注明该农药中毒急救措施，必要时注明对就医的建议等。

（7）注明国家规定的该农药禁止使用的作物或范围等。

19. 农药标签上汉字字体高度可以小于 1.8 毫米吗？

依据《农药标签和说明书管理办法》第二十六条的规定，标签上汉字的字体高度不得小于 1.8 毫米。

20. 您了解农药标签上像形图的含义吗？

为确保更加安全、谨慎地使用农药，标签上应使用有利于安全使用农药的像形图，像形图的种类和含义见图。

放在儿童接触
不到的地方，
并加锁　　　　配制液体农药　　配制固体农药　　　喷药

戴手套　　　　戴防护罩　　　施药后需清洗　　　戴口罩

穿胶鞋　　　　戴防毒面具　　危险/对　　　　危险/对鱼有
　　　　　　　　　　　　　　畜禽有害　　　　害，不要污染
　　　　　　　　　　　　　　　　　　　　　　湖泊河流、池
　　　　　　　　　　　　　　　　　　　　　　塘和小溪

农药标签上的像形图

三、农药生产须知

1. 开办农药生产企业应具备什么条件？

依据《农药管理条例》第十三条的规定，开办农药生产企业（包括联营、设立分厂和非农药生产企业设立农药生产车间），应当具备下列条件，并经企业所在地的省、自治区、直辖市工业产品许可管理部门审核同意后，报国务院工业产品许可管理部门批准；但是，法律、行政法规对企业设立的条件和审核或者批准机关另有规定的，从其规定：

（1）有与其生产的农药相适应的技术人员和技术工人；

（2）有与其生产的农药相适应的厂房、生产设施和卫生环境；

（3）有符合国家劳动安全、卫生标准的设施和相应的劳动安全、卫生管理制度；

（4）有产品质量标准和产品质量保证体系；

（5）所生产的农药是依法取得农药登记的农药；

（6）有符合国家环境保护要求的污染防治设施和措施，并且污染物排放不超过国家和地方规定的排放标准。

农药生产企业经批准后，方可依法向工商行政管理机关申请领取营业执照。

2. 生产农药必须取得农药登记吗？

依据《农药管理条例》等相关法律法规，对于生产（包括原药生产、剂型加工和分装）农药和进口农药，必须进行登记。农业部负责农药产品的登记工作，每一个生产企业在生产一种农药前都要先进行农药登记，确定防治范围和适用作物。农药登记就像是农药的一个"身份证"，既便于农业监管部门进行市场监管，同时，也有效防止其他企业假冒、伪造此种农药产品。

农药登记证

3. 农药登记用什么样的方式表示？

农药登记分为田间试验阶段、临时登记阶段和正式登记阶段 3 个阶段。

田间试验阶段的农药是由研制者提出田间试验申请经批准后方可进行田间试验，用"SY+ 数字"来表示，田间试验阶段农药产品是不允许在市场上销售流通的。

临时登记阶段是指田间试验后由其生产者申请临时登记，经国务院农业行政主管部门发给农药临时登记证后，方可在规定的范围内进行田间试验示范、试销，用"LS+ 数字"表示，农药临时登记证有效期为 1 年，可以续展，累计有效期不得超过 3 年。

正式登记阶段是指经田间试验示范、试销后可以作为正式商品流通的农药，申请正式登记后经国务院农业行政主管部门发给农药登记证后方可生产和销售，用"PD+数字"来表示，农药登记证有效期为 5 年，可以续展。

另外，用作卫生用杀虫剂，如杀虫气雾剂、蚊香液、蚊香片等，也属于农药产品。卫生用杀虫剂也分为临时登记和正式登记，临时登记用"WL+数字"表示，正式登记用"WP+数字"表示。

4. 农药生产企业不许可生产哪些农药产品？

依据《农药管理条例》等相关法律法规规定，农药生产企业不许可生产下列农药产品：

（1）不得生产无证农药产品。

（2）不得生产标签不合格的农药产品。

（3）未经批准不得自行分装生产农药产品。

（4）不得生产过期农药产品。

（5）不得生产国家明令禁止生产的剧毒、高毒农药产品。

（6）不得生产假冒伪劣农药产品。

（7）法律法规规定的其他产品。

5. 农药产品有效成分含量范围有何规定？

《农药登记资料规定》对农药有效成分含量范围作了明确规定，具体如下：

（1）已有国家标准、行业标准的产品，按相应标准规定有效成分含量。

（2）尚未有国家标准、行业标准的产品，按下页表规定有效成分含量。标明含量是生产者在标签上标明的有效成分含量；允许波动范围是客户或第三方检测机构在产品有效期内按照登记的检测方法进行检测时，应当符合下表的含量范围。固体制剂的有效成分含量以质量分数（%）表示。液体制剂产品应当在产品化学资料中同时明确产品有效成分含量以克／升和质量分数（%）表示的技术要求，申请人取其中的一种表示方式在标签上标注。特殊产品可以参照下表，制定有效成分含量范围要求。

表　产品中有效成分含量范围要求

标明含量 (% 或克／100 毫升，20℃ ±2℃)	允许波动范围
X ≤ 2.5	± 15%X（对乳油、悬浮剂、可溶液剂等均匀制剂）
	± 25%X（对颗粒剂、水分散粒剂等非均匀制剂）
2.5 < X ≤ 10	±10%X
10 < X ≤ 25	±6%X
25 < X ≤ 50	±5%X
X > 50	±2.5% 或 2.5 克／100 毫升

6. 中国对同一有效成分、同一剂型的有效成分含量设几个梯度？

以前中国不同农药生产企业往往对同一产品开发多个含量并且差别较小，导致企业间恶性竞争，扰乱了农药市场，使用者选择困难。为了避免上述现象的发生，农业部[①]、国家发改委[②] 于2007年12 月 12 日联合发布了 946 号公告，就农药有效成分做出如下管理规定：有效成分和剂型相同的农药产品（包括相同配比的混配制剂产品），其有效成分含量设定的梯度不得超过 5 个。

---

① 中华人民共和国农业部，全书简称农业部。
② 中华人民共和国国家发展和改革委员会，全书简称国家发改委。

7. 农药产品的生产日期可否印制在瓶盖或瓶底上？

农药产品的生产日期是可以印制在瓶盖或瓶底上的，但标签上应标注生产日期见瓶盖或瓶底；同时生产日期应严格按照《农药标签和说明书管理办法》第十一条的规定的格式进行标注，即生产日期应当按照年、月、日的顺序标注，年份用四位数字表示，月、日分别用两位数表示。

8. 说明书应当如何放置？

如果农药产品包装尺寸过小、标签无法标注《农药标签和说明书管理办法》第七条规定内容的，应当附具相应的说明书。说明书应当放置在农药包装箱内。包装箱内说明书的数量应当不少于最小包装单元的数量。农药经营者销售时，随每一个最小包装单元配发一份说明书。

9. 农药产品标签上能否允许标注多个注册商标？

农药产品标签上可以标注多个注册商标。但标注的注册商标必须符合《农药标签和说明书管理办法》第二十九条的规定。

10. 同一农药产品不同规格包装，标签设计有何规定？

《农药标签和说明书管理办法》规定，一个农药产品只有一个登记核准标签。包装规格不同的同一产品，除净含量按有关规定标注外，其他内容应与登记核准标签内容一致，并按《农药标签和说明书管理办法》设计。

11. 如何变更登记核准标签？

经登记核准的标签，农药生产、经营者不得擅自改变其内容。需要对标签和说明书进行修改的，应当报农业部重新核准。农业部根据农药产品使用中出现的安全性和有效性问题，可以要求农药生产企业修改标签和说明书，并重新核准。企业申请变更核准标签时，应提交如下资料到农业部农药检定所办理。

（1）备案标签变更的申请报告，要阐明修改标签的理由，指出需要修改的地方，必要时须提交修改标签依据的相应试验报告。新设计的标签样张，应符合《农药标签和说明书管理办法》的要求。

（2）原已加盖中华人民共和国农药登记审批专用章的核准标签（原件）和农药临时登记证或农药登记证复印件。

（3）与变更内容有关的资料。

12. 检查农药登记情况需要检查哪些内容？

检查农药登记情况需要检查如下内容：

（1）是否标注了农药登记证号或农药临时登记证号。

（2）所标注的农药登记证号或农药临时登记证号是否与农业部批准的指定企业中指定产品相符。

（3）所标注的农药登记证号或农药临时登记证号是否在有效状态。如果不在有效状态，农药标签上标注的生产日期是否在登记证的有效期以内。

13. 农药质量抽检主要检查哪些方面？

农药质量抽检主要检查以下几个方面：

（1）检查农药产品是否符合产品质量标准的规定。除农药有效成分含量和相关的辅助技术指标外，还包括对农药杂质、限制性成分管理。

（2）检查产品的净含量是否与标签标注的含量一致。

（3）检查产品所含农药有效成分的种类、名称与农药标签或说明书上注明的种类、名称是否一致，包括是否擅自添加其他农药有效成分。

（4）检查产品中是否含有其他导致药害等有害成分。

14. 是否所有大田用农药都需标注安全间隔期与每季最多使用次数？

农药产品需要明确安全间隔期的应当标注安全间隔期与农作物每个生长周期最多使用次数。对于一些特殊产品，如用于非食用作物（饲料作物除外）的农药，低毒或微毒种子处理剂（包括拌种剂、种衣剂、浸种用的制剂等）、用于非耕地的农药（畜牧业草场除外），可以不标注安全间隔期与每季最多使用次数。

15. 发布农药广告需要进行审批吗？

根据《中华人民共和国广告法》第三十四条规定（摘录），利用广播、电影、电视及其他媒介发布农药、兽药等商品的广告，必须在发布前依照有关法律、行政法规由有关行政主管部门（以下简称广告审查机关）对广告内容进行审查；未经审查，不得发布。为落实《中华人民共和国广告法》的相关规定，国家工商局和农业部共同发布了《农药广告审查办法》。《农药广告审查办法》第五条规定（摘录），通过重点媒介发布的农药广告和境外生产的农药的广告，需经国务院农业行政主管部门审查批准，并取得农药广告审查批准文号后，方可发布。其他农药广告，需经广告主所在地省级农业行政主管部门审查批准。对违法发布农药广告的，根据《中华人民共和国广告法》和《农药广告审查办法》的规定，应由县级以上工商行政管理部门予以处罚。

四、农药经营须知

1. 经营农药应具备哪些条件?

依据《农药管理条例》第十九条的规定,农药经营单位应当具备下列条件和有关法律、行政法规规定的条件,并依法向工商行政管理机关申请领取营业执照后,方可经营农药:

(1)有与其经营的农药相适应的技术人员;

(2)有与其经营的农药相适应的营业场所、设备、仓储设施、安全防护措施和环境污染防治设施、措施;

(3)有与其经营的农药相适应的规章制度;

(4)有与其经营的农药相适应的质量管理制度和管理手段。

2. 农药经营单位在采购农药时应注意什么?

农药经营单位在采购农药时应注意以下事项:

(1)尽量到有威望的农药生产企业或农药经营部门购买农药产品,切不可轻信小商贩送上门的农药产品。

(2)认真查看、核对农药标签。

(3)要求供销商提供该种农药产品的农药登记证和产品出厂合格证。

(4)向供销商索取有效票据。

3. 农药经营单位不许可经营哪些农药?

依据《农药管理条例实施办法》第二十二条的规定,农药经营单位不得经营下列农药：

（1）无农药登记证或者农药临时登记证、无农药生产许可证或者生产批准文件、无产品质量标准的国产农药；

（2）无农药登记证或者农药临时登记证的进口农药；

（3）无产品质量合格证和检验不合格的农药；

（4）过期而无使用效能的农药；

（5）没有标签或者标签残缺不清的农药；

（6）撤销登记的农药。

4. 如何自查农药标签是否合格？

可通过以下途径查询农药标签：

（1）充分利用互联网网络资源，在"中国农药信息网"上输入完整的农药登记证号或者农药临时登记证号即可查询；

（2）使用专业的农药电子手册查询；

（3）使用农业部《农药登记公告》查询；

（4）将农药标签与农药登记证或农药临时登记证复印件进行核对；

（5）请有关专家帮助检查。

利用"中国农药信息网"查询农药标签

利用"农药电子查询服务系统"与《农药登记公告》查询农药标签

5. 柜台农药摆放要遵循哪些原则？

柜台农药摆放应遵循如下原则：

（1）固体和粉尘农药要放置在货架的上部，液体农药要放置在货架的下部，以免液体农药溢出污染下面的农药产品。

（2）除草剂不应放在杀虫剂或杀菌剂的上面，以免除草剂溢出污染杀虫剂或杀菌剂导致药害的发生。

（3）杀鼠剂及高毒农药应设立专区或专柜，单独隔离存放在不易接触的地方，并设置醒目装置、上锁。

（4）柜台展示区要在醒目的地方放置或贴有警示标语，如"农药有毒""禁止吸烟、吃东西、喝饮料"等。

6. 过期农药可以经营吗？

依据《农药管理条例》第二十三条的规定，超过产品质量保证期限的农药产品，经省级以上人民政府农业行政主管部门所属的农药检定机构检验，符合标准的，可以在规定期限内销售；但是，必须注明"过期农药"字样，并附具使用方法和用量。

7. 农药经营部门应如何正确保管与储存农药?

农药经营部门保管与储存农药须遵照以下原则:

(1)要将农药放在儿童拿不到的地方并加锁保护。

(2)要有专用农药库房并设专人管理。

(3)严格进、出手续,防止误用或坏人利用农药从事不法活动。

(4)不得将农药与其他物品,特别是化肥、食品、蔬菜等混合堆放。

(5)要放在干燥、通风、不漏雨和阳光不能直接照射处。

(6)堆放不要过高,防止挤压溢漏。

(7)要将农药按杀虫剂、杀菌剂和除草剂等分门别类摆放,避免拿错造成作物药害。

(8)要随时检查生产日期,禁止购进和销售过期农药。

8. 农药经营部门有哪些权利义务?

农药经营部门有以下权利义务:

(1)可以不接受一定时间内的重复抽查。

(2)不需要缴纳监督抽查检测费用。

(3)对抽检检测结果有异议的可以申请复检。

(4)不得拒绝依法进行的农药监督执法检查。

(5)对于经营农药质量不合格的农药产品行为,接受农药监督执法部门行政处罚。

9. 做好农药经营需要注意哪些方面?

做好农药经营应注意以下方面:

（1）农药经营单位购进农药，应当将农药产品与产品标签或者说明书、产品质量合格证核对无误，并进行质量检验。

（2）禁止收购、销售无农药登记证或者农药临时登记证、无农药生产许可证或者农药生产批准文件、无产品质量标准和产品质量合格证、检验不合格的农药。

（3）农药经营部门应当统一建立出库、入库台账，妥善保存进货、销售凭证，并随时接受有关部门检查，建立可追溯管理制度。

（4）农药经营单位应当按照国家有关规定做好农药储备工作。储存农药应当建立和执行仓储保管制度，确保农药产品的质量和安全。

（5）不销售超过产品质量保证期限的农药产品。超过产品质量保证期限的农药产品，应经省级以上人民政府农业行政主管部门所属的农药检定机构检验，符合标准的，可以在规定期限内销售；但是，必须注明"过期农药"字样，并附具使用方法和用量。

（6）农药经营单位应当向使用农药的单位和个人正确说明农药的用途、使用方法、用量、中毒急救措施和注意事项。

（7）农药销售部门售出农药时应主动向购买者出具有效票据并备案存档；农药售出后，应当做好售后跟踪服务工作，及时解决和处理在防治病虫草鼠害过程中存在的问题。

（8）注意防火防盗。

10. 农药经营单位需要填写购销台账吗？

依据《北京市食品安全条例》第四十条的规定，农药、兽药、饲料和饲料添加剂、肥料等农业投入品经营者应当建立经营记录，记录投入品名称、来源、进货日期、生产企业、销售时间、销售对象、销售数量等内容，保存期限不得少于2年；销售农业投入品时，应当向购买者提供产品说明书，明确提示购买者注意产品说明书中有关投入品用法、用量和使用范围等信息。

依据《北京市食品安全条例》第七十一条的规定，农药、兽药、饲料和饲料添加剂、肥料等农业投入品经营者违反本条例第四十条的规定，由农业行政部门责令限期改正，没收违法所得和违法经营的投入品，并处 2 000 元以上 1 万元以下罚款。

11. 如何从农药产品标签和包装上识别假劣农药?

通过农药产品的包装与标签识别其是否为假劣农药，应从以下几方面入手：

（1）农药产品包装必须贴有标签或者附具说明书。标签应当紧贴或者印制在农药包装物上。标签或者说明书上标注内容应符合国家法律法规的规定。

（2）农药名称应当使用通用名称或简化通用名称，如"阿维菌素""百菌清""高氯·毒死蜱"（有效成分为高效氯氟氰菊酯和毒死蜱）等。农药名称一律不得使用商品名称。

（3）农药商标单字面积不得大于农药名称的单字面积，且应当标注在标签的边或角的位置。

（4）农药标签上只能标注生产企业、分装企业的名称。除进口农药产品外，其他农药产品不得标注"××公司代理""××公司总经销"等内容。

（5）标签不得标注任何带有宣传、广告色彩的文字、符号、图案，不得标注企业获奖和荣誉称号。法律、法规或规章另有规定的，从其规定。

（6）标签和说明书上不得出现未经登记的使用范围和防治对象的图案、符号、文字。

12. 如何从农药产品物理形态识别假劣农药?

可通过农药产品如下物理形态特征识别假劣农药:

(1)粉剂、可湿性粉剂应为疏松粉末,无结块。如有结块或有较多的颗粒感,说明已受潮,不仅产品的细度达不到要求,其有效成分含量也可能会发生变化。如果产品颜色不匀,亦说明可能存在质量问题。

(2)乳油应为均相液体,无沉淀或悬浮物。如出现分层和混浊现象,或加水稀释后的乳状液不均匀或有浮油、沉淀物,则产品质量可能有问题。

(3)悬浮剂、悬乳剂应为可流动的悬浮液、无结块,长期存放,可能存在少量分层现象,但经摇晃后应能恢复原状。如果经摇晃后,产品不能恢复原状或仍有结块,说明产品存在质量问题。

(4)熏蒸用的片剂如出现粉末状,表明已失效。

(5)水剂应为均相液体,无沉淀或悬浮物,加水稀释后一般也不出现混浊、沉淀。

(6)颗粒剂产品应粗细均匀,不应含有许多粉末。

13. 应如何处理假农药、劣质农药?

依据《农药管理条例实施办法》第三十三条的规定,对假农药、劣质农药等需进行销毁处理的,必须严格遵守环境保护法律、法规的有关规定,按照农药废弃物的安全处理规程进行,防止污染环境;对有使用价值的,应当经省级以上农业行政主管部门所属的农药检定机构检验,必要时要经过田间试验,制订使用方法和用量。

14. 中国目前对经营杀鼠剂有哪些特殊规定？

除法律法规规定的农药经营单位应具备的条件外，经营杀鼠剂还需要符合以下规定：

（1）实行经营资格核准和统一购买发放制度，即定点经营；营业执照中注明"定点经营杀鼠剂"字样；

（2）必须取得《危险化学品经营许可证》；

（3）建立健全杀鼠剂的规章制度，严格经营台账，实行可追溯管理；

（4）具有主管部门，农村由县级或县级以上农业部门负责，城市由爱卫会负责；

（5）具有与经营杀鼠剂相适应的技术人员、安全管理人员、经营场所、设备和储存鼠药的仓储设施。

15. 我国农药经营有哪些发展趋势？

我国农药经营发展趋势如下：

（1）规模化。随着经营门槛的提高、管理力度的加大和连锁经营的发展，经营单位总体数量将逐步减少，一些大规模或品牌的经营企业将逐步显现。

（2）专业化。突出表现在经营人员的农药的专业水平普遍提高，有的针对特色农作物病虫害发生情况，开展特色经营；有的强化限制农药使用的专业化经营，充分利用技术特长，避免限制使用农药的潜在危害，发挥其价格、药效等优势。

（3）生产、经营与使用相互渗透。通过相互入股，建立相对稳定的关系，实现互惠互利，促进长远发展。

五、农作物有害生物综合防控

1. 中国的植保方针是什么？

我国的植保方针是"预防为主，综合防治"。其含义是从农业生态系统的整体出发，本着预防为主的指导思想和安全、经济、有效、简便的原则，因时因地制宜，合理运用农业防治、物理防治、生物防治、化学防治等有效的方式，把病虫草鼠害控制在不足防治的水平，以达到不危害人畜健康和增产的目的。

植保职能

2. 都市型农业具有哪些功能？

都市型农业的功能主要体现在防治城市环境污染，营造绿色景观，保持清新、宁静的生活环境；为城市提供新鲜、卫生、无污染的农产品，为市民提供与农村交流、接触农业的场所与机会；保持与继承农业与农村的文化与传统。

随着全国都市型农业的快速发展，对生态效益重视程度的提升，植保理念也作出不断的调整，"公共植保"与"绿色植保"的理念也随之被提出。

3. 什么是公共植保？

公共植保就是把植保工作作为农业和农村公共事业的重要组成部分，突出其社会管理和公共服务职能。植物检疫和农药管理等植保工作本身就是执法工作，属于公共管理；许多农作物病虫具有迁飞性、流行性和暴发性，其监测和防控需要政府组织跨区域的统一监测和防治；如果病虫害和检疫性有害生物监测防控不到位，将危及国家粮食安全；农作物病虫害防治应纳入公共卫生的范围，作为农业和农村公共服务事业来支持和发展。

4. 什么是绿色植保？

绿色植保就是把植保工作作为人与自然和谐系统的重要组成部分，突出其对高产、优质、高效、生态、安全农业的保障和支撑作用。植保工作就是植物卫生事业，要采取生态治理、农业防治、生物控制、物理诱杀等综合防治措施，要确保农业可持续发展；选用低毒高效农药，应用先进施药机械和科学施药技术，减轻残留、污染，避免人畜中毒和作物药害，要生产"绿色产品"，植保还应防范外来有害生物入侵和传播，确保环境安全和生态安全。

绿色植保

5. 购买农药有哪些小技巧？

购买农药可以采取以下几个小技巧：

（1）根据作物的病虫草害发生情况，确定农药的购买品种，对于自己不认识的病虫草，最好携带样本到所在区（县）植保站向植保专家进行咨询。

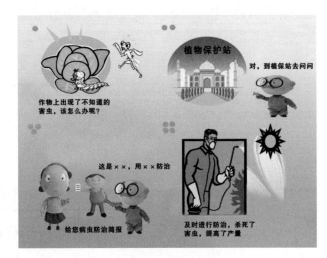

购买农药小技巧

（2）仔细阅读标签，对照标签的基本要求进行辨别，最好查阅《农药登记公告》进行对照。

（3）选择可靠的销售商。

（4）选择有信誉、知名度高的农药生产厂家的品种，使用农药新产品应该在当地通过试验、示范，证明是可行的。

（5）对于大多数病虫害，不要总是购买同一种有效成分的药剂，应该轮换购买不同的品种。

（6）要求农药销售者提供农药的处方单，购买农药时应索要发票，使用时或使用后如发现为假劣农药，应该保留包装物；出现药害，应该保留现场或拍下照片，并及时向农业行政主管部门或法律、行政法规规定的有关部门反映，以便及时查处。

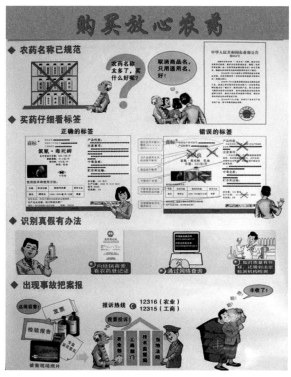

购买放心农药

6. 怎样避免购买到不合格农药？

购买放心农药，应参照以下原则：

（1）选购农药首先要查看农药标签，无农药登记证或者农药临时登记证、无农药生产许可证或者生产批准文件、无产品质量标准的农药产品不能购买。

（2）无产品质量合格证和检验不合格的农药产品不得购买。

（3）过期而无使用效能的农药不得购买。

（4）没有标签或者标签残缺不清的农药产品不得购买。

（5）变质的农药产品不得购买。

7. 农作物发生病虫害就必须防治吗?

多数情况下田间一发生病虫害农民朋友就要打药,其实这一做法不一定正确。现代植保并非单纯地使用农药防治病虫害。是否需要防治,必须全面考虑以下几点:

(1)考虑经济上是否合算。投入的病虫害防治费用起码应该和挽回病虫害造成的经济损失相等才合算。若病虫害较轻,造成损失不大,施用农药反而增加生产成本,这时就不必进行药剂防治。

(2)看病、虫的发生数量(或密度)。若发生数量较少或密度很低,也不一定要进行药剂防治。

(3)考虑天敌和其他环境因素对病、虫发生的影响。如田间害虫数量较多,但天敌数量也很大,可以达到控制害虫的目的,造成经济损失较小,则不必施药。

现代植保

8. 使用农药应遵循哪些规定？

依据《农药管理条例》等法律法规，使用农药应遵循下列规定：

（1）农药使用者应当确认农药标签清晰，农药登记证号或者农药临时登记证号、农药生产许可证号或者生产批准文件号齐全后，方可使用农药。

（2）农药使用者应当严格按照产品标签规定的剂量、防治对象、使用方法、施药适期、注意事项施用农药，不得随意改变。

（3）使用农药应当遵守农药防毒规程，正确配药、施药，做好废弃物处理和安全防护工作，防止农药污染环境和农药中毒事故。

（4）使用农药应当遵守国家有关农药安全、合理使用的规定，按照规定的用药量、用药次数、用药方法和安全间隔期施药，防止污染农副产品。

禁用高毒、高残留农药

（5）剧毒、高毒农药不得用于防治卫生害虫，不得用于蔬菜、瓜果、茶叶和中草药。

（6）使用农药应当注意保护环境、有益生物和珍稀物种。严禁用农药毒鱼、虾、鸟、兽等。

9. 不按规定使用农药应承担哪些责任？

《农药管理条例》第四十条第（四）项规定，不按照国家有关农药安全使用的规定使用农药的，根据所造成的危害后果，给予警告，可以并处 3 万元以下的罚款。

《农药管理条例》第四十五条规定，违反本条例规定，造成农药中毒、环境污染、药害等事故或者其他经济损失的，应当依法赔偿。

10. 使用农药防治病虫草害的基本原则是什么？

使用农药防治病虫草害应遵循如下基本原则：

（1）正确诊断。用药之前先对病虫草害进行正确诊断。

（2）对症下药。根据病虫草害种类及其为害特点，选用农药种类和剂型。

（3）适时施药。根据病虫草害的发生规律，抓住其薄弱环节，选择适当用药时间。

（4）合理确定用药量和施药次数。不要盲目增加用药次数和随意加大用药量或提高浓度，否则会使作物发生药害，污染环境，并刺激其产生抗药性。

（5）选择适当的用药方法。应根据具体条件选用适当的施药方法，提高防治效果。

（6）交替轮换用药。选用作用靶标不同的农药交替轮换使用，减缓抗药性的产生。

（7）合理混用农药。合理混用可以防止害虫产生抗药性，同时起到兼治的增效作用，还可以减少用药次数。

植保信息获取途径

11. 确定农业病虫草害的施药适期需要注意哪些方面？

确定农业病虫草害的施药适应期应注意以下方面：

（1）要在有害生物生育活动中最薄弱的环节施药。一般害虫处于幼龄期，对药剂抵抗力弱，也有很多病虫害生活习性中有着致命的弱点，这些都是施药的有利时期。

（2）要在有害生物发生初期施药。

（3）要在农作物抗性较强的生育期施药，这样才不容易发生药害。

（4）要在农作物最易受病虫害侵害的时期施药。

（5）要避免在天敌繁殖高峰期施药，这样可避免杀害大量的天敌，以达到保护天敌的目的。

12. 如何正确选择施药时间？

选择正确的施药时间应注意以下两方面：

（1）应选择好天气施药。田间的温度、湿度、气流、光照和雨露等因素都影响着施药质量。下大雨时作物上的药液被雨水冲刷，不但降低了药效，而且污染环境。刮大风时，药雾随风飘扬，使作物病菌、害虫、杂草表面接触到的药液减少，即使已附着在作物上的药液，也易被吹拂挥发、震动散落，大大降低防治效果；刮大风时易使药液飘落在施药人员身上，增加中毒机会；刮大风时如果施用除草剂，易使药液飘移，有可能造成药害。应避免在雨天及风力大于3级（风速大于4米/秒）的条件下施药。

（2）应选择适宜时间施药。施药人员如果在气温较高时施药，农药挥发量增加，田间空气中农药浓度上升，加之人体散热时皮肤毛细血管扩张，农药经皮肤和呼吸道吸入量会增加，引起中毒的危险性增加。为避免农药中毒事件的发生，喷雾作业应避免在夏季中午高温（30℃以上）的条件下施药。夏季高温季节喷施农药要在上午10时前和下午15时后进行，对光敏感的农药选择在上午10时前或傍晚施用。此外施药人员每天喷药时间一般不应超过6小时。

13. 施药人员应符合哪些要求？

施药人员应符合如下要求：

（1）施药人员应身体健康，经过专业技术培训，具有安全用药及安全操作的知识，具备一定的植保知识。严禁老人、儿童、体弱多病者，以及经期、孕期、哺乳期妇女参与施药用药。

（2）施药人员不得穿短袖上衣和短裤进行施药作业。施药人员施药时需要穿着防护服，厚实的防护服能吸收较多的药雾而不至于很快进入衣服内沾染皮肤。施药人员施药过程中切勿进食、饮水或吸烟。在工作状态严禁旋松或调整任何部件，以免药液突然喷出伤人。施药作业结束后，要用大量清水和肥皂冲洗，换上干净衣服，尽快把防护服洗干净并与日常穿戴衣服分开。

14. 不合理使用农药会造成哪些危害？

不合理使用农药，可能会造成如下危害：

（1）不合理使用农药会造成农作物减产、畸形甚至死亡。

（2）不合理使用农药会使农产品降低品质甚至失去价值。

（3）不合理使用农药会造成农业生态环境失衡。大量不合理使用农药将造成局部地区有益的生物种类减少甚至死亡，使自然界的生物链断缺，导致当地农业生态环境恶化。

（4）不合理使用农药也会对人类身体健康造成伤害。

15. 农药常见的施用方法有哪些？

农药常见的施用方法有喷雾法、喷粉法、撒施法、泼浇法、灌根法、拌种法、种苗浸渍法、毒饵法、涂抹法、熏蒸法等。

16. 如何计算农药和配料的取用量？

要准确计算农药制剂和配料用量，首先要仔细、认真阅读农药标签和说明书。农药制剂取用量要根据其制剂有效成分的百分含量、单位面积的有效成分用量和施药面积来计算。商品农药的标签和说明书中一般均标明了制剂的有效成分含量、单位面积上有效成分用量，有的还标明了制剂用量或稀释倍数。

如果农药标签或说明书上已注有单位面积上的农药制剂用量，

可以用下式计算农药制剂用量：

$$农药制剂用量 [毫升（克）] = 单位面积农药制剂用量 [毫升（克）/ 亩^{①}]$$
$$\times 施药面积（亩）$$

如果农药标签上只有单位面积上的有效成分用量，其制剂用量可以用下式计算：

$$农药制剂用量 [毫升（克）] = \frac{单位面积有效成分用量 [毫升（克）/ 亩]}{制剂中有效成分百分含量（\%）}$$
$$\times 施药面积（亩）$$

如果已知农药制剂要稀释的倍数，可通过下式计算农药制剂用量：

$$农药制剂用量 [毫升（克）] = \frac{配制的药液量或喷雾器容量 [毫升（克）]}{稀释倍数}$$

17. 如何安全、准确配制农药？

安全、准确配制农药，应遵循以下原则：

（1）在开启农药包装、称量配制时，配药人员应戴必要的防护器具，孕妇、哺乳期妇女不能参与配药。

（2）计算出制剂取用量和配料用量后，要严格按照计算的结果量取或称取。农药称量、配制应防止溅洒、散落。液体药要用有刻度的量具，固体药要用秤称取。量取好药和配料后，要在专用的容器里混匀。混匀时，要用工具搅拌。

（3）不能用瓶盖倒药或用饮水桶配药；不能用盛药水桶直接下河取水。由于配制农药时接触的是农药制剂，有些制剂有效成分相当高，引起中毒的危险性大，在配制时一定要注意自身安全。

（4）配制农药应在离住宅区、牲畜栏和水源远的场所进行，药

---

① 1 亩 ≈ 667 平方米，全书同。

剂随配随用，已配好的应尽可能采取密封措施，开装后余下的农药应封闭在原包装内，不得转移到其他包装中（如喝水用的瓶子或盛食品的包装）。

（5）处理粉剂和可湿性粉剂时要小心，防止粉尘飞扬。如果要倒完整袋可湿性粉剂农药，应将口袋开口处尽量接近水面，站在上风处，让粉尘和飞扬物随风吹走。

（6）喷雾器不要装得太满，以免药液泄漏，当天配好的，当天用完。

（7）配药器械一般要求专用，每次用后要洗净，不得在河流、小溪、井边冲洗。

18. 农药混用应注意哪些问题？

农药混用应注意如下事项：

（1）不应影响有效成分的化学稳定性。农药混用时有时发生化学变化，导致其有效成分分解失效。菊酯类杀虫剂和二硫代氨基酸类杀菌剂在较强碱性条件下会分解，有机磷类和氨基甲酸类农药对碱性物质也比较敏感。酸性农药与碱性农药混用后会发生酸碱中和反应，从而破坏了其有效成分。

（2）不能破坏药剂的物理性状。两种乳油混用，要求仍具有良好的乳化性、分散性、湿润性、展着性能；两种可湿性粉剂混用，则要求仍具有良好的悬浮率、湿润性及展着性能。如果混配后药液中出现分层、絮结、沉淀等现象，则表明两种农药不能混用。

（3）农药混用要讲究经济效益。除了使用时省工、省时外，混用一般应比单用成本低些。较昂贵的菊酯类农药与有机磷杀虫剂混用、较昂贵的新型内吸性杀菌剂与较便宜的保护性杀菌剂混用，都比单用的成本低。

（4）注意混用药剂的使用范围。混用农药时，要明确农药混用后的使用与其所含各种有效成分单剂的使用范围之间联系与区别。混用农药必须在使用上有自己的特点，这样混用才有效果。

19. 能不能直接将农药混合再稀释？

农药混用不能先混合两种单剂，再用水稀释。一般是用足量水先配好一种单剂药液，再用这种药液稀释另一种单剂，以避免发生不良反应。

20. 微生物农药能否与化学农药混合使用？

这要看情况而定。微生物农药的有效成分一般为活性孢子，所以不能与化学杀菌剂混合使用，如果一起喷施，化学杀菌剂会杀死生物菌剂里的有效成分，降低药效发挥。但是微生物农药可以和多数化学杀虫剂混用。

21. 农药为何要现用现配？

每种农药都有一定的稳定性。稳定性弱的农药如果配好后不用，其中的有效成分就会在光照、高温或低温、久置之下分解，从而影响药效的发挥。

22. 施药器械有哪些类型？

施药器械通常是按喷施农药的剂型种类、用途、动力配套、操作、携带和运载方式等进行分类，主要种类如下：

（1）按施液量多少分类。可分为常量喷雾（>150升/公顷）、中容量喷雾（50～150升/公顷）、低量喷雾（5～50升/公顷）、超低容量（0.5～5升/公顷）喷雾机具等。低容量及超低容量喷雾机喷雾量少、雾滴细、药液分布均匀、工效高，是目前施药技术的发展趋势。

（2）按施用的农药剂型和用途分类。可分为喷雾机、烟雾机、喷粉机、拌种机、撒粒机和土壤消毒机等。

（3）按配套动力分类。可分为手动施药机具，小型动力喷雾喷粉机，大型悬挂、牵引或自走式施药机具和航空喷洒设备等。

（4）按雾化方式分类。可分为液力式喷雾机、气力式喷雾机、离心式喷雾机、静电喷雾机和热力喷雾机等。

（5）按操作、携带和运载方式等分类。可分为手动喷雾器、小型动力喷雾机具、大型动力喷雾机具等。

23. 施药器械应满足哪些主要农业技术要求？

根据防治面积、防治对象、防治区域的特点，配备的劳动力、机具使用的难易程度和要求的作业速度等，施药器械应满足下列主要农业技术要求：

（1）应能满足农业、园林花卉、林业等不同种类、不同生态以及不同自然条件下对植物病、虫、草、鼠害等的防治要求；

（2）能满足不同植物、不同生长形态以及不同剂型农药的喷洒要求；

（3）应能将液剂、粉剂、粒剂等各种剂型的农药均匀地分布在施用对象所要求的施药部位上；

（4）使用的农药有较高的附着率、较少飘移损失；

（5）机具应具有较高的生产效率、较好的使用经济性和安全性；

（6）重视生态环境的保护，尽可能减少喷洒农药过程中对土壤、水源、害虫天敌以及环境的污染与损害。

24. 如何正确选购施药器械？

正确选购施药器械应考虑如下具体情况：

（1）了解作物的栽培及生长情况；

（2）了解防治对象的为害特点、施药方法和要求；

（3）了解防治对象的田间自然条件及所选施药机械的适应性；

（4）了解所选施药机械详细信息，如所选施药机械在作业中的安全性、产品是否经过质量检测部门的检测并且合格、产品有无获得过推广许可证或生产许可证、产品质量是否稳定、售后服务等；

（5）了解打算购买的药械实际使用情况以作参考。

25. 如何正确使用喷雾器喷施农药？

使用喷雾器喷施农药应遵循以下原则：

（1）喷施农药前，施药人员应仔细检查喷雾器的开关、接头、喷头等处是否拧紧，药桶有无滴漏，以免漏出药液毒害人体、污染环境、产生药害。

（2）喷施农药过程中，发生喷头堵塞、接头处滴漏等故障，应先用清水冲洗喷头、接头等处后，再予以排除。禁止用嘴吹喷头或滤网，也不能用金属物体捅喷头孔。

（3）清洗。喷雾器停用后，要把药液桶、胶管、喷杆等部件的外表擦洗干净。多数农药对喷雾器都有一定的腐蚀作用，尤其波尔多液腐蚀性很强。喷雾器停用后用清水冲洗干净并特别注意清除打气筒上的油垢和药液桶底凹部的泥土。

（4）认真检查、保养喷雾器各个部件。要在螺丝固定的部位或者经常受到磨损的地方涂上甘油。要及时修配好损坏的部件，以便下次使用。要把喷雾器放在干燥通风的仓房，不可放在阴暗潮湿的角落里，更不要露天存放。

26. 为什么要淘汰"跑、冒、滴、漏"旧型喷雾器?

旧型喷雾器大都是多年前一些乡村级小型加工厂生产的小型喷雾器，使用过程中存在严重的"跑、冒、滴、漏"现象。使用旧型喷雾器容易造成以下危害:

(1)旧型喷雾器喷头单一，雾化效果差，喷雾时容易造成药液大量流失，导致防治效果差，用药成本增加;雾化效果差也容易导致个别被喷施过农药的作物农药残留过高，给农产品质量安全带来隐患。

(2)使用旧型喷雾器喷洒时容易造成农药飘移，给不需要施药的农作物造成损失。

(3)旧型喷雾器质量低劣，使用寿命短。

(4)旧型喷雾器对使用者存在安全隐患，威胁到人身安全。

27. 是不是农药的毒性越大药效就越好?

其实毒性和药效是两种不同的概念，分别指不同的对象而言。毒性是指药剂对人畜危害程度;药效是指药剂实际用于防治病虫害的效果。这两者有一定的相关性，既有一致的也有不一致的，不能简单的一概而论。

28. 利用种衣剂拌种要注意哪些事项?

利用种衣剂拌种要注意如下事项:

(1)选择国家定点农药厂生产的种衣剂型号，要购买有农药生产许可证、农药登记证号及标准证书的产品。

(2)运输种衣剂和使用包衣种子时，一定要有防护措施，要戴上口罩和专用手套，严防触及皮肤、眼睛等。如种衣剂溅到皮肤上，应及时用肥皂水冲洗，触及眼睛要用清水冲洗 15 分钟，误入口中，应送医院及时治疗。

（3）种子包衣或播种时不能抽烟、吃东西、徒手擦脸、眼，包衣结束后要立即脱下工作服和防护用具，彻底清洗脸、手后方可饮食，以防中毒。

（4）种衣剂、包衣种子及其器具在贮运中要妥善保管，以防人畜中毒和污染环境。

（5）包衣种子只能用聚丙烯纺织袋或塑料袋包装、运输。袋子用后要妥善处理。

（6）药的浓度要适当。如果浓度过大会抑制植物的生长发育，造成种芽的根部肿胀、变形、扭曲，甚至发生药害。用户需根据当地种衣剂使用说明，严格按照说明书进行拌种，请勿随便改变种衣剂的浓度。

29. 如何减少农药对环境的影响？

通过以下方式可减少农药对环境的影响：

（1）农药使用者要根据病虫草防治工作的需要，优先选择环境友好型农药品种或农药剂型；

（2）在使用前必须仔细阅读农药标签，了解药剂本身特点及注意事项；

（3）在具体施药过程中要合理把握最佳防治适期与施药方式，做到合理控制施药量与用药次数。同时，选用先进的施药器械，提高农药利用率，避免对非靶标生物造成危害。

30. 如何做到精准施药？

做到精准施药主要把握两点，一是要严格按照标签说明用药，不随意加大药量；二是要有精准的量具，避免随意估计、模糊用药，尤其是在使用激素类农药时，要严格控制药量。

31. 什么是定向喷雾？

把喷头对着靶标直接喷雾就是定向喷雾，也称为针对性喷雾。此法喷出的雾流朝着预定的方向运动，雾滴能较准确地落在靶标上，较少散落或飘移到空中或其他非靶标上。

32. 如何减少用药量及施药次数？

减少农药用量及施药次数，可采取以下措施：

（1）把握病虫防治关键时期。在关键防治时期用药，会起到事半功倍的作用。比如夜蛾科害虫掌握在幼虫三龄以前用药，可提高防控效果。

（2）在温湿度适宜的条件下用药，避免在刮大风、下大雨时施药。

（3）选择合适的药械，尽量做到均匀喷施。

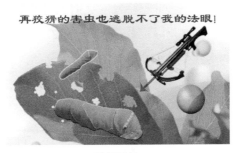

适期防治

33. 作物全生育期为何要控制同成分农药的用药次数？

作物全生育期，如不控制同种农药的用药次数，会引起如下不良影响：

（1）容易产生抗药性。

（2）引起农药残留超标。

34. 除草剂进行土壤封闭时要注意哪些事项？

使用除草剂进行土壤封闭时，要注意以下事项：

（1）除草剂进行土壤封闭时必须选择浇水或降雨后土壤湿度较大时进行。干旱土壤墒情较差情况下防除杂草效果不理想，因此在干旱条件下要提前浇好"封闭"水，使田间墒情较好。

（2）作物刚露头时不宜使用，在制种田、沙性土壤地块也不宜使用。

（3）施药后 24 小时内遇到大雨，应及时补喷。

（4）喷药后及时清洗喷雾器。

（5）喷药后 1 周内不得从事农事活动，防止破坏除草剂药层。

35. 使用灭生性除草剂要注意什么？

灭生性除草剂是一种非选择性除草剂，它对杂草和作物均有伤害作用。其特点是见绿杀绿，杀草速度快，2～3 小时见效，3～4 天内死亡，药剂落到土壤上快速分解。所以使用灭生性除草剂时要注意以下几点：

（1）在矮秆作物上施用要加防护罩，压低喷头，避免药液飘移。

（2）对水时一定要用清水。

（3）不能与碱性农药混用。

（4）用完后清洗干净喷雾器。

36. 喷施 2,4-D 丁酯时要注意什么？

2,4-D 丁酯主要用于小麦田防治阔叶杂草，是一个活性很强的除草剂。西瓜、棉花等阔叶作物对 2,4-D 丁酯非常敏感，稍有不慎就会造成药害事件的发生。因此喷施 2,4-D 丁酯的喷雾器要单独保管，即使清洗干净也不能再用于阔叶作物上的病虫草害防治，以免造成药害。在施用过程中要选择无风或微风天气，压低喷头，加装防护罩，避免飘移到西瓜等周围敏感作物上造成药害。

37. 在蔬菜田使用除草剂要注意什么？

在蔬菜田使用除草剂要注意如下事项：

（1）苗前用药。蔬菜田化学除草，多采用土壤处理。

（2）均匀喷药。喷施时要经常摇动，保证均匀喷药，否则下层药液浓度过高，容易引起药害。

（3）设施栽培减量用药。保护地等设施栽培的土壤温度高、湿度大、药效高，所以用药量应较露地蔬菜田减少 20% ～ 30%，以免蔬菜发生药害。

（4）土壤湿润。在施用除草剂的过程中，要求地面平整、土粒细碎、湿润，这样不但可以保证施药均匀，而且可以给杂草萌发创造有利条件，使杂草萌发一致，从而达到一次用药杀死大部分杂草的目的，提高除草效果。

（5）选用持效期短的除草剂。根据不同的蔬菜品种和生长期的长短，原则上应选用持效期适宜且短的除草剂为好，以减少除草剂污染残留的时间，确保食用安全。

38. 对后茬作物有较大影响的长残效除草剂有哪些？

长残效除草剂的特点是除草效果好、杀草谱宽、用药少、使用方便、用药成本低。其缺点是在土壤中残留时间长，一般可达2～3年，长的可达4年以上，在连作或轮作农田中极易造成对后茬作物的药害，导致减产甚至绝产。常见长残效除草剂有莠去津、氯嘧磺隆、氯磺隆、甲磺隆、咪草烟、氟磺胺草醚等。

39. 使用植物生长调节剂应注意哪些问题？

使用植物生长调节剂应注意如下问题：

（1）不能以药代肥。植物生长调节剂不能代替肥水及其他农业措施，即使是促进型的调节剂，也必须以充足的肥水条件才能发挥其作用。

（2）不要随便改变浓度。农作物对植物生长调节剂的浓度要求比较严格，浓度过大，会造成农作物叶片增肥变脆，出现叶片畸形、干枯脱落，甚至全株死亡；浓度过小，则达不到应有的效果。

（3）适时使用。要根据所使用植物生长调节剂种类、气候条件、药效持续时间和栽培需要，选择最佳使用时机，以免造成不必要的投入。

（4）不要随意混用。必须在充分了解混用农药之间的增强或抵抗作用的基础上，才能决定几种植物生长调节剂混用或与其他农药混用是否可行，千万不要随意混用。

40. 在结球生菜上怎样使用赤霉素？

在生菜结球拳头大小时，把1克赤霉素粉剂分成6份，用酒精溶解后1份对水15千克均匀喷雾，可增产10%以上，并可提早成熟 1 周。注意结球不平均地块不要使用。

41. 喷施活孢子生物制剂要注意什么?

喷施活孢子生物制剂要注意水的温度、环境温度和湿度,以及用药前后化学杀菌剂使用的间隔期等因素。温湿度不合适,会影响孢子活性,抑制其萌发;喷施时间离化学杀菌剂间隔太近,化学药剂会杀灭活性孢子。

42. 麦田杂草综合防治措施有哪些?

麦田杂草综合防治的主要措施如下:

(1)农业措施。结合田间农事操作,有目的地创造有利于小麦生长而不利于杂草发生的条件。① 清选种子。雀麦等杂草种子往往随小麦收获混杂在麦种中。因此,对小麦进行机械筛选或清水选种,不仅能够清除麦种中的病粒、杂粒,而且也会达到筛除杂草种子、杜绝杂草再次进入麦田的目的。② 轮作倒茬。看麦娘、野燕麦等发生严重的地块可以与油菜、豌豆等作物轮作。当这些作物成熟时杂草种子一般尚未成熟,及时收割和耕翻整地就会有效减轻第二年杂草发生的数量。③ 合理密植。合理密植能够降低田间空隙度,从而减少杂草生长空间。

(2)人工拔除。年前苗期与年后返青期进行中耕,可以有效清除杂草。对于雀麦等发生严重的麦田,应在杂草开花结籽前进行两次人工拔除。

(3)化学除草。根据杂草种类与发生程度,选用合适药剂,在适当时期进行化学除草。

43. 小麦白粉病综合防治措施有哪些？

小麦白粉病综合防治可采取如下措施：

（1）选用抗病、丰产优质品种。

（2）合理密植，控制群体密度，避免形成通风不利的郁闭环境。

（3）控制氮肥增施磷钾肥。

（4）适当药剂防治。在孕穗—抽穗—扬花期，当田间病株（茎）率达 15%~20% 时，或病叶率为 5%~10% 时，开展药剂防治。药剂防治可选用三唑酮、丙环唑等。

44. 冬小麦中后期"一喷三防"指的是什么？

冬小麦中后期"一喷三防"是指将杀虫剂、杀菌剂及叶面肥等混合后对水进行喷雾。该技术可通过一次施药达到防治病害、防治虫害、防早衰等多重目的，是一项经济有效的实用技术。

根据华北地区冬、春季干旱少雨、温度略偏高的气候特征，"一喷三防"着重以防白粉病、麦穗蚜及防止干热风为主。当小麦孕穗期至抽穗期，白粉病病株率达 20% 或病情指数达 10 以上，百株蚜量达 500 头以上，冬小麦就可以实施小麦"一喷三防"技术。

45. 冬小麦中后期"一喷三防"有哪几种配方？

冬小麦中后期"一喷三防"常用以下 3 种配方：

（1）亩用 15% 三唑酮可湿性粉剂 50 ～ 70 克 +10% 吡虫啉可湿性粉剂 20 ～ 30 克 + 磷酸二氢钾 100 克。

（2）亩用 15% 三唑酮可湿性粉剂 50 ～ 70 克 +10% 吡虫啉可湿性粉剂 20 克 +80% 敌敌畏乳油 50 毫升 + 磷酸二氢钾 100 克。

（3）亩用 30% 己唑醇悬浮剂 5 克 +10% 吡虫啉可湿性粉剂 20 ～ 30 克 + 天达 2116 叶面肥 50 克。

46. 应用赤眼蜂防治玉米螟要注意哪些事项？

用赤眼蜂防治玉米螟要注意如下事项：

（1）农户领到蜂卡后要在当日的上午放出，不可久储。遇到小雨时可以释放，遇大雨不能放蜂，可暂时储存，选择阴凉通风的仓库，把蜂卡分散放置，切勿与农药放在一起，雨停后再放。

（2）用手撕蜂卡，不能用剪子。撕蜂卡时掉下的卵粒，要收集起来，用胶水粘到白纸上。

（3）挂卡时，叶片不可卷得过紧，以免影响出蜂，更不可放到玉米心叶里或随意夹在叶腋上，以免蜂卡失效。

（4）蜂卡挂到田间后，大约经 2 ～ 3 天陆续出蜂，在出过蜂的卵壳上可见圆形的羽化孔。

（5）不能用大头针等物别蜂卡，以防收获时扎伤玉米采收人员或做饲料时扎伤牛胃，发生事故。

（6）释放时要根据风向、风速设置点位，如风大时，应在上风口适当增加布点或释放量，下风口可适当减少。

（7）放蜂的玉米田，放蜂前 4 天、放蜂后 20 天内不准使用杀虫剂。

47. 露地蔬菜病虫害综合治理措施有哪些？

露地蔬菜病虫害综合治理的重点在播种育苗阶段，其后主要是加强管理，适期用药并严格执行用药安全间隔期。

（1）播种育苗阶段。①轮作：与适宜作物隔年轮作，可以有效控制多种病虫害。②选用抗病、耐病品种：此项措施对大多数病害来说，是一种十分有效的防治措施。③苗床选择与消毒：育苗一般要选择新的苗床，老苗床必须换用无病新土或进行药剂处理。④种子处理：蔬菜通常用种数量较少，可以采取温汤浸种、干热处理、酸处理、碱处理等。⑤嫁接防病：一般瓜类、茄果类采取这种措施。

（2）生长期。①加强栽培管理：定植前喷药，带药移栽，防止苗期带病虫进入田间。施足基肥，多施腐熟的有机肥，增施磷、钾肥，控制氮肥用量，以防旺长；深耕减少菌源；合理密植；及时摘除病果病叶，集中销毁或深埋；收获后彻底消除病残体等。②病虫害防治：一般用药处理要掌握防治适期，注意保护天敌，严禁使用高毒高残留农药防治病虫害，并严格遵守用药间隔期。

48. 怎样防治保护地蔬菜细菌性病害？

保护地蔬菜细菌性病害几乎都能够通过土壤进行传播，防治上可按照防治土传病害的综合措施进行。

长期以来在对细菌性病害化学防治上，多用农用链霉素、氢氧化铜、甲霜铜等。由于长时期使用此类药品，多数细菌性病害已经对其产生了很强的抗药性，导致再用这类药品防治效果差，难以控制病菌为害与发展。因此，防治细菌性病害应该多选用喹啉铜、络氨铜等新型农药，并注意不同类农药交替使用，以确保其防治效果。

49. 黄瓜霜霉病综合防治措施有哪些？

黄瓜霜霉病综合防治措施主要包括以下几方面：

（1）选用抗病新品种。如津春2号、津杂2-4号、中农12或中农16等。

（2）加强栽培管理。采用高垄地膜覆盖技术，膜下浇水，减少浇水次数。加强通风，降低空气湿度。增施磷钾肥，提高植株的抗病能力。结瓜后及时摘掉下部老黄叶。根外喷施 0.2% 磷酸二氢钾，提高叶片生理抗病能力。

（3）高温闷棚。选择晴天上午，关闭大棚温室门窗，使棚室内的温度升到 45℃，最高不超过 48℃。持续 2 小时后适当通风，使棚室温度逐渐下降，恢复正常温度。注意闭棚前一天必须浇水。

（4）药剂防治。对于保护地黄瓜，发病初期可选用 20% 百菌清烟剂、80% 代森锰锌可湿性粉剂或寡雄腐霉等药剂进行防治。对于露地栽培黄瓜，可选用 50% 烯酰吗啉水分散粒剂、65% 代森锰锌水分散粒剂、70% 丙森锌可湿性粉剂等药剂进行防治。

50. 辣椒疫病综合防治措施有哪些？

辣椒疫病综合防治措施主要包括以下几方面：

（1）选用无病新土育苗或床上进行消毒。

（2）加强田间管理。注意通风透光，防止湿度过大。选择晴天的上午浇水，浇水后提温降湿。及时拔除病株并清除出棚室集中处理。

（3）药剂防治。定植后可喷 80% 代森锰锌可湿性粉剂加以保护，15 天一次。发病初期可喷 50% 烯酰吗啉可湿性粉剂等药剂进行防治。

51. 保护地蔬菜灰霉病综合防治措施有哪些？

保护地各个品种蔬菜所发生的灰霉病都是同一种病原，其病原菌为灰葡萄孢，属半知菌亚门真菌。灰霉病病菌可形成菌核在土壤中，或以菌丝、分生孢子在病残体上越冬。分生孢子随气流及雨水传播蔓延，农事操作也是重要传播途径。

　　要想有效地防治灰霉病，须认真执行综合防治措施。生产中及时清除病原菌是防治灰霉病的有效措施，操作时要身带塑料袋，发现有病果、病花时，立即用塑料袋套上后再摘除，并封闭袋口，带出室外深埋，严防病菌随风或农事操作传播。栽培西葫芦、茄子时，坐果后须及时摘除开败的花冠，可以有效地防治灰霉病发生。在化学防治上可选用啶酰菌胺、嘧霉胺或腐霉利等药剂，低温等恶劣环境条件下可与天达2116一起喷施，增强植株抗逆性。特别注意要轮换用药，以防止产生抗药性，提高防治效果。

52. 油菜菌核病综合防治措施有哪些？

　　油菜菌核病综合防治措施主要有以下几方面：

　　（1）选用抗（耐）性品种。

　　（2）减少初侵染源。包括种子处理、病株残体处理、深耕培土、土壤消毒等。

　　（3）改善生态环境、抑制病害扩展蔓延。可以采取重施茎苗肥、早施茎苔肥、开沟防浸、摘除老叶病叶、调整播栽期等。

　　（4）药剂防治。可以选用25%咪鲜胺乳油、50%多菌灵可湿性粉剂、50%腐霉利可湿性粉剂等进行防治。

53. 如何防治甜菜夜蛾？

　　甜菜夜蛾主要为害白菜、萝卜、甘蓝、菜花等多种蔬菜。一般7～8月份为严重为害期。防治甜菜夜蛾应采取综合防控措施：

　　（1）农耕灭蛹。春季除草灭低龄幼虫，减少后期虫源。

　　（2）灯光诱蛾。大面积生产可以利用甜菜夜蛾的趋光性，利用黑光灯诱杀成虫，每盏灯可以防治30亩地。根据诱蛾情况，判断发蛾高峰，推算产卵高峰，确定防治1～2龄幼虫的关键时期。

（3）性诱剂诱杀甜菜夜蛾。在蔬菜生长点上方10～20厘米处，每亩装5～6个性诱捕器，可以有效诱杀甜菜夜蛾成虫。

（4）药剂防治。在甜菜夜蛾卵孵化盛期至1～2龄幼虫高峰期，可以用5%甲氨基阿维菌素苯甲酸盐水分散粒剂等药剂对水喷雾防治。

54. 大蒜病害综合防治措施有哪些?

大蒜的主要病害有紫斑病、叶枯病、锈病等。其综合防治技术如下：

（1）精选蒜种。尽可能采用脱毒蒜、抗病蒜、无病虫健壮蒜种，播前精选蒜种，并进行药剂拌种，可用20毫升600克/升吡虫啉悬浮种衣剂对水100毫升拌7.5千克蒜种。

（2）药剂防治。大蒜紫斑病，可在发病初期用1×10^6孢子/克寡雄腐霉2.5克或50%啶酰菌胺可湿性粉剂10克，对水15千克后，再加入25毫升天达2116进行喷雾防控，每10～15天1次，连续喷洒2次。

大蒜叶枯病，可在发病初期用25%嘧菌酯可湿性粉剂1 500倍液、10%苯醚甲环唑水分散粒剂1 500倍、寡雄腐霉6 000倍液。

大蒜锈病，可在发病初期用三唑酮乳油1 500倍液、10%苯醚甲环唑水分散粒剂1 500倍、80%金乙嘧·晴菌唑可湿性粉剂2 500倍，40%氟硅唑乳油4 000倍液喷雾防治，每7～10天一次，连喷2～3次。

55. 花生病虫害防治技术要点有哪些?

花生病虫害综合防治，必须在选用优良品种、实行平衡施肥、适期适深播种、合理密植基础上，抓好一拌三喷。

药剂拌种：用 30 毫升 60% 吡虫啉悬浮种衣剂和 10 毫升 75% 萎·双可湿性粉剂与 12.5 千克花生种子搅拌均匀，晾干后播种，可防治苗期病虫，促一次播种一次全苗。

生长期喷雾：花生生长期根据田间病虫害发生特点，一般要喷药 3 次。第一次喷雾在花生齐苗后，亩用寡雄腐霉 5 克与 0.136% 赤·吲乙·芸苔可湿性粉剂 3 克，对水 30 千克喷雾，可防治花生根腐病、茎腐病、病毒病、促苗壮。第二次喷雾在花生初花期，亩用寡雄腐霉 5 克、天达 2116（花生豆类专用）50 克和 22% 噻虫嗪·高氯氟微囊悬浮—悬浮剂 10 毫升，对水 30 千克喷雾，可防治花生网斑病、病毒病、棉铃虫、蚜虫，使植株健壮、抗倒伏。第三次喷雾在花生荚果、膨大期，亩用寡雄腐霉 10 克，加天达 2116（花生豆类专用）75 克，对水 50 千克喷雾，可防治花生叶斑病和后期早衰。

56. 蔬菜绿色防控主要产前技术有哪些？

蔬菜绿色防控主要产前技术包括如下几方面：

（1）种子处理技术。根据不同蔬菜种子所传带的重要病虫，有针对性选择温汤浸种或药剂处理，非药剂处理种子的技术有温汤浸种、干

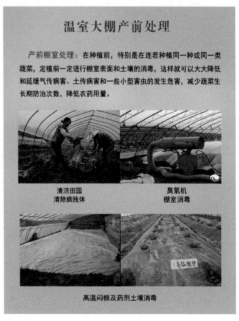

绿色防控产前技术

热处理、酸处理、碱处理等。

（2）高温闷棚技术。夏季每亩均匀撒入 300 ～ 500 千克碎稻草和生石灰，混匀深翻后，每 1 米南北向做一沟一垄，沟内灌满水，然后在垄上盖地膜，外面棚膜也要盖上，封闭棚室 10 ～ 15 天，使30 厘米土温达 54℃以上。

（3）土壤处理技术。一般采用土壤臭氧处理技术与土壤 20%辣根素水乳剂处理两种方式进行。

（4）棚室表面消毒技术。在作物收获后，清除棚内病残体，棚外密闭棚膜，用自控臭氧消毒常温烟雾施药机对地表面、棚膜、墙壁、立柱和架材等所有暴露表面进行表面灭菌，密闭 3 天后，打开棚膜，种植作物。这种技术主要针对灰霉病、白粉病、叶霉病等气传性病害。

57. 什么是温汤浸种？

温汤浸种是种植户最常用的一种种子处理方法。这种方法是采用 50 ～ 55℃的温水浸泡种子一定时间，将种子表面所带病虫杀灭来防控农作物病虫害的方法。

58. 什么是种子碱处理？

碱处理是进行种子处理的一种方法，主要用于种子传带病毒病的预防。常用的碱是磷酸三钠，通常处理浓度是 0.3%，处理时间为 20 ～ 30 分钟，处理过的种子需要用清水多次反复搓洗干净后播种。

59. 土壤臭氧处理技术要点是什么？

将土壤翻耕后，起高垄，沟深 50 厘米，垄上盖一层膜，密闭后开启自控臭氧消毒机将臭氧气体持续通入膜下土壤中，这样密闭3～5天后，可杀灭土壤中的有害生物。

60. 土壤 20% 辣根素水乳剂处理技术要点是什么？

土壤 20% 辣根素水乳剂处理技术要点是将保护地内土壤翻耕起垄，垄高 30～50 厘米，垄上通一根滴灌管，用完整的棚膜覆盖地表，四周压实后，打开滴灌，清水滴灌一定时间后，土壤充分润湿关闭阀门。在施肥罐中按照 20% 辣根素水乳剂 5 升 / 亩的用量配备适量溶液，并打开滴灌阀门直到水量适合为止。滴完后，密闭地膜 3 天，揭开地膜 2 天后即可种植作物。

61. 蔬菜绿色防控主要产中技术有哪些？

蔬菜产中绿色防控技术见下页图，蔬菜绿色防控产中技术主要有如下几项：

（1）健体栽培技术。该技术主要是从增强农作物本身抗耐病虫能力出发，降低病虫害为害的一种方法。生产上我们可以采用调节营养生长和生殖生长、地上部分和地下部分的比重来达到抗 / 耐病虫和丰产增收的目的。

（2）双网覆盖技术。在大棚通风口根据防治对象的不同覆盖40～60 目防虫网，并在夏季高温强光季节根据蔬菜对光强的要求覆盖遮光率 60%～70% 的遮阳网。双网覆盖可改善设施内温光及环境，防止害虫成虫飞入设施内，有效抑制害虫进入和害虫传播病害的蔓延，同时防止高温造成灼伤。

（3）色板诱杀技术。该技术主要是利用害虫对颜色的趋性来达到防控目的的物理防治方法，经济有效。色板一般有黄色、蓝色、橙黄、金黄色、荧光蓝等多种颜色，农户可以根据作物种类和病虫

产中绿色防控实用技术

防虫网防虫技术

防虫网是一种用来防治害虫的网状织物，具有遮光、适度遮光等作用，还具有抵御暴风雨和水雾凝露等自然灾害的作用。它最大的作用是有效地止常见害虫进入大田防治。防虫网覆盖栽培是一项防虫、增产实用环保型农业新技术。通过在棚架上覆盖防虫网，构建人工隔离屏障将害虫拒之网外，从而切断害虫（成虫）传播、繁殖途径。

遮阳网防病增产技术

遮阳网又叫遮光网，是一种最新型的农业、渔业、牧业、林业等保护地覆盖材料，夏季覆盖可起到遮阳、防风、遮土等作用，冬季覆盖有一定的保温增温作用。遮阳网主要应用于北方多用于夏季蔬菜育苗和夏秋果菜生产。主要作用是防烈日照射、防暴雨冲击、防病温发病害频，阻止病害迁移传播，尤其是对病虫害防控可发挥很好作用。

节水灌溉防病增产技术

使用滴灌、膜下滴灌等节水灌溉措施，减少大水漫灌、沟灌、畦灌。滴灌比沟灌可节约农业用水约50%以上，可降低棚室内湿度20%，推迟发病7~10天，减轻病害发生程度发生程度20%，便于实施水肥一体化管理，将肥料、农药随水滴入，能够提高地温和光温，改善土壤结构，促进根系生长，增加作物产量。

产中绿色防控实用技术

天敌昆虫防治害虫技术

天敌昆虫是一类寄生或捕食其他昆虫的昆虫。它们长期在农田、林区和牧场中控制害虫的发展和蔓延。利用天敌昆虫治虫是一项特殊的防治方法，可以减少环境污染，有助维持生态平衡。

熊蜂授粉技术

熊蜂可用于设施蔬菜、果树等作物的授粉。正常条件下使用授粉时间可达1~2个月。相对分工授粉，使用熊蜂授粉可显著提高作物产量和品质，降低畸形果菜数发生，省工省力。熊蜂授粉后花瓣自然脱落，可以降低灰霉病的发生，能够减少化学农药和激素的使用，减少化学农药对环境的污染。

硫黄熏蒸预防病害技术

主要用于草莓、辣椒、瓜类等作物白粉病的预防。在棚室中悬挂硫黄熏蒸粉。定时对棚室进行熏蒸消毒，2~3小时，每隔2次，治疗用药每次8小时，连续用药1周。

发生情况选择颜色，进行正确悬挂，并及时进行更换。应用时一般每亩20～30块，悬挂式可与作物行垂直或平行，下端距生长点10～20厘米为宜。

（4）灯光诱杀技术。灯光诱杀害虫是利用害虫趋光性进行诱杀的一种物理防治方法，是一项重要的生态农业技术。

（5）性诱剂诱杀技术。性引诱剂是模拟昆虫的雌性信息素的一种仿生产品，可引诱雄虫前来交配，利用这一原理，可设置诱捕器消灭害虫。一般每亩地安装3个性诱捕器，诱芯高出作物生长点30～50厘米。

（6）天敌控制技术。目前在蔬菜主要应用的天敌为捕食螨和丽蚜小蜂等。

（7）科学使用农药。

62. 蔬菜植株残体科学处理的好处有哪些？

如果蔬菜植株残体随意丢弃在田间、路边、河道等处，不但会污染生活环境，而且也会为某些病虫害的滋生和繁衍提供场所，助长蔬菜病虫害的发生、积累与蔓延，从而增加了蔬菜生产成本，不利于蔬菜的生产。如果蔬菜残体处理得当，这些富有矿物质、有机质等营养成分的植株残体可以转化为有机肥料还田，从而降低了蔬菜生产成本。

63. 蔬菜植株残体无害化处理技术有哪些？

蔬菜植株残体无害化处理技术主要包括如下几项：

（1）太阳能臭氧农业垃圾处理站无害化处理。太阳能臭氧农业垃圾处理站，是以太阳能为能源，利用臭氧强杀菌功能对植株残体所带病虫彻底杀灭后做有机肥料利用。处理站由垃圾处理熔池、臭氧发生系统、臭氧输送与传输系统、垃圾前处理系统、太阳能供电系统和自动控制等系统构成。熔池为水泥钢筋结构，容积大于等于30立方米，每个处理站可以辐射1 000亩地，减少覆盖园区的农业生产垃圾污染以及植株残体所带病虫的传播。

蔬菜残体无害化处理

（2）移动式臭氧农业垃圾处理车无害化处理。蔬菜采收结束，将移动式臭氧农业垃圾处理车开到棚室边，将拉秧后带病虫的植株残体粉碎后送到臭氧处理车内，将所带病虫全部灭杀后，无病虫有机废弃物就地还田利用。

（3）废旧棚膜高温密闭堆沤无害化处理。不同时期按一定面积设置蔬菜植株残体堆沤发酵处理专用水泥地，放入蔬菜植株残体后盖透明塑料膜，或在田间地头向阳处将蔬菜植株集中后覆盖透明塑料膜进行高温发酵堆沤，透明膜四周压实。堆沤时间根据天气情况决定，天气晴好气温较高，堆沤10～20天，阴天多雨则需适当延长。

64. 无公害农产品对农药使用有什么要求?

按照国家法律法规,针对病、虫、草害或靶标,合理选择农药产品;严格执行安全间隔期的规定;不得使用国家禁止使用的农药产品,不得使用过期农药。

65. 绿色食品对农药等生产资料使用有哪些要求?

绿色食品在生产、加工过程中按照绿色食品的标准,禁用或限制使用化学合成的农药、肥料、添加剂等生产资料及其他有害于人体健康和生态环境的物质,并实施从土地到餐桌的全程质量控制。

66. 有机农产品对农药等生产资料使用有哪些要求?

有机农业是遵循自然规律和生态学原理,协调种植业和养殖业的平衡,采用一系列可持续发展的农业技术,维持持续稳定的农业生产过程。有机农业在生产中不采用基因工程获得的生物及其产物,不使用化学合成的农药、化肥、生长调节剂、饲料添加剂等物质。

67. 农作物药害症状有哪些?

受药害的作物,按症状不同可分为急性药害、慢性药害和残留药害3种。

(1)急性药害症状:急性药害发生很快,一般在施药后2～5天就会出现,表现为烧伤、凋萎、落叶、落花、落果、卷叶畸形、幼嫩组织枯焦、失绿变色或黄化、矮化、发芽率下降、发根不良等。

(2)慢性药害症状:农药施用后药害不马上出现,症状不明显，主要是影响农作物的生理活动。大多数表现为光合作用减弱、生长发育缓慢、延迟结果、着花减少、颗粒不饱满、果实变小畸形、产量降低或质量变差、色泽恶化等。鉴别慢性药害一般应与健康作物进行比较。

（3）残留药害症状：是由残留在土壤中的农药或其分解产物引起的。这一类的药害，主要是因为有些农药残留期较长，影响了下茬作物的生长。

68. 农作物产生药害主要原因有哪些？

农作物产生药害主要有以下原因：

（1）产品质量存在问题。包括在农药中添加国家禁用农药、未登记农药成分、农药有效成分含量或主要技术控制项目不合格，或农药产品中混有有害杂质等。

（2）未按规定使用农药。如将灭生性除草剂用于农作物，或将农药施用于敏感作物上等；此外，擅自加大药量或重复施药、农药使用中飘移、喷雾器未清洗干净都可以导致药害的发生。

（3）气候环境影响。如果农药使用过程中未考虑气温、土壤水分、农作物生长状态等因素，就有可能发生药害。

（4）农药标签不规范。少数农药生产企业擅自扩大农药使用范围，在未经试验、示范的情况下大规模使用容易造成作物药害的发生。

（5）残留期长的除草剂容易造成下茬作物药害。

69. 有哪些原因可以导致除草剂发生药害？

任何作物对除草剂都不具有绝对的耐性或抗性，而所有除草剂品种对作物与杂草的选择性也都是相对性的，在具备一定的环境条件与正确的使用技术时，才能显现出选择性而不伤害作物。在除草剂大面积使用中，作物产生药害的原因多种多样，有的是可以避免的，有的则是难以避免的。

（1）挥发与飘移：高挥发性除草剂（如2,4-D丁酯）在喷洒过程中，小于100微米的药液雾滴极易挥发与飘移，致使邻近的敏感作物及树木受害。而且喷雾器压力愈大，雾滴愈细，愈容易飘移。

（2）土壤残留：有些除草剂在土壤中持效期长、残留时间久。这些除草剂易对轮作中敏感的后茬作物造成伤害，如玉米田施用莠去津，对后茬大豆、甜菜、小麦等作物有药害；大豆田施用甲氧咪草烟、氟乐灵，对后茬小麦、玉米有药害；小麦田施用氯磺隆，对后茬玉米、黄豆等作物有药害。

（3）混用不当：不同除草剂品种间以及除草剂与杀虫剂、杀菌剂等其他农药混用不当，也易造成药害。此类药害，往往是由于混用后产生的加成效应或干扰与抑制作物体内对除草剂的解毒系统所造成的。

（4）用药时期掌握不当：如2,4-D丁酯在小麦3叶前或拔节后使用，小麦容易出现药害；烟嘧磺隆在玉米5叶期后使用药害风险加大等等。

（5）用药量不当：除草剂应严格用量，药量少了，除草效果受到影响，药量大了容易出现药害。所以，当除草剂使用前应向植保技术人员或厂家技术人员咨询，确认无误后再使用，不要随意增加或减少用量。

（6）药械性能不良或作业不标准：如多喷头喷雾器喷嘴流量不一致、喷雾不均匀、喷幅连接带重叠、喷嘴后滴等，造成局部喷液量过多，使作物受害。

（7）误用：过量使用、使用时期不当或使用的除草剂品种不对都易产生药害，如在小麦拔节后使用百草枯或 2,4-D 丁酯，往往会造成严重药害。

（8）除草剂降解产生有毒物质。

（9）异常不良的环境条件 (高温、低温、光照、土壤环境等) 也可诱发药害发生。

（10）人为破坏。

70. 如何避免发生药害?

避免药害应注意采取以下措施：

（1）坚持先试验后推广应用。

（2）严格掌握农药使用技术。合理选用农药、称准农药剂量、配准农药浓度、掌握好施药时期、采用恰当的施药方法。

（3）喷雾器专用。用过后彻底清洗喷雾器。

（4）对某些药剂敏感的蔬菜要记清楚。

71. 农作物发生药害初期应怎样补救?

农作物发生药害初期可采取如下补救措施：

（1）喷水淋洗。药害发生初期应喷洒清水 2 ~ 3 次，尽量把植株表面上的药物洗涮掉。同时由于大量用清水淋洗，使植物吸收水分较多，可以对作物体内的药剂浓度起到一定的稀释作用，从而在一定程度上起到减轻药害的作用。

（2）施肥补救。对于产生叶面药斑、叶缘枯黄或植株黄化等症状的药害，应迅速追施速效肥料增加养分，加速作物恢复能力。

（3）喷药补救。针对导致发生药害的药剂，喷施能缓解药害的药剂。如喷洒植物细胞分裂素，可一定程度缓解因喷洒抑制或干扰植株生长的除草剂而产生的药害。

72. 抗药性产生的原因有哪些?

病虫害产生抗药性的主要原因如下:

(1)有害生物方面。当受到一定剂量农药作用后有害生物有的死亡,其中不敏感的个体则存活下来并繁殖后代。当农药施用剂量增加后,大多数不敏感的个体又致死,存活下来的就是很不敏感的个体,并繁殖后代,这样的后代抗药性就更强了。留下的抗药性后代产生的抗性可能是天生的,也可能是后天的,这些个体繁殖了强抗药性的新种群。

(2)农药使用技术方面。农药的使用剂量和浓度增加,直接影响抗药性增强;农药的剂型不适合,会降低药效,易使个体诱发产生抗药性;农药在菜上沉积、分布状况不均匀也会产生抗药性。

73. 如何有效避免或延缓病虫抗药性产生?

避免或延缓病虫产生抗药性应采取如下措施:

(1)实行综合防治,减少化学防治次数。改善农业生态环境,保护利用天敌生物;加强虫情预测预报,适时防治。把农业技术措施、化学防治和生物防治有机地结合起来,改变单纯依赖化学农药防治的做法。

(2)改换农药品种。害虫已经对某种农药产生了抗性,如果继续使用,不仅防治效果降低,加大用量提高防治成本,还会使害虫的抗药性进一步增强,而且会延误防治时机,造成更大的损失。这时最好的方法是停用原用农药,改换农药品种。改换的农药品种和原用的农药品种的作用机制必须有所不同,没有交互抗性。改换农药品种是克服抗药性的一个有效办法,但不能从根本上解决问题。

改换后的农药品种连续单一使用也会使害虫产生抗药性，因此必须注意适时更换农药品种。

（3）农药的交替使用。在一个季节或一两年内使用一种或一类农药，然后再换用另一种或另一类杀虫（病）原理不同，没有交互抗性的农药。这样，两种（类）或两种（类）以上的农药轮换使用，就克服了单一、连续使用容易产生抗性的弊病。

（4）农药的混合使用。把两种或两种以上有不同杀虫（病）原理的农药混合使用，或再加入少量增效剂，既能提高农药的防治效果，又能克服或延缓抗药性的产生。

74. 使用杀螨剂时应如何防治害螨产生抗药性？

防止害螨产生抗药性应采取如下措施：

（1）选用对螨的各个生育期都有效的杀螨剂。成螨、若螨和卵往往同时存在，而卵的数量大大超过成螨，选择无杀卵作用的杀螨剂，害螨数量短时虽有下降，但不久群体数量又会回升，需再次施药。一种药剂连续多次使用，宜诱发害螨产生抗药性。

（2）选在害螨对药剂最敏感的生育期施药。

（3）选在害螨发生初期，种群数量不多时施药，以延长药剂对螨的控制时间，减少使用次数。一般持效期长的杀螨剂品种，一年内尽可能使用1次。

（4）防治时不可随意提高用药量或药液浓度，以保持害螨种群中较多的敏感个体，延缓抗药性的产生和发展。

（5）不同杀螨机制的杀螨剂轮换或混合使用。

75. 造成农药生产性中毒的主要原因有哪些？

造成农药生产性中毒的主要原因如下：

（1）配药不小心，药液污染手部皮肤，又没有及时清洗；下风配药或施药，吸入农药过多。

（2）施药方法不正确，如人向前行左右喷药，打湿衣裤；几架药械同时喷药，未按梯形前进和下风侧先行，引起相互影响，造成污染。

（3）不注意个人防护，如不穿长袖衣、长裤、胶靴，赤足露背喷药；配药、拌种时不戴橡皮手套、防毒口罩和护目镜等。

（4）喷雾器漏药，或在发生故障时徒手修理，甚至用嘴吹堵在喷头里的杂物，造成农药污染皮肤或经口腔进入人体内。

（5）连续施药时间长，经皮肤和呼吸道进入的药量过多；或安排劳力不当，在施药后不久的田内劳动。

（6）喷药后未洗手、洗脸就吃东西、喝水、吸烟等。

（7）施药人员不符合要求。

（8）在科研、生产、运输和销售过程中因意外事故或防护不严而发生中毒。

76. 施药人员农药中毒后需要怎样处理？

施药人员农药中毒后正确的处理方法如下：

（1）农药溅到皮肤上，应及时用大量清水冲洗，更换污染物。如溅到眼里，至少用清水冲洗10分钟。

（2）出现头痛、恶心、呕吐等中毒症状，应立即停止施药，保持冷静，离开现场转移至通风良好的地方，脱掉防护用品，用肥皂水冲洗污染部位，必要时携带农药标签就医。

（3）如果当事人已经昏迷，旁人要协助急救。将病人侧卧，头向后，拉直舌头，使呕吐物顺利排出，保存农药标签并及时电话联系医院急救。当事人恢复后数周内不能施用农药，以防发生更严重的症状。

中毒咨询电话：010-83132345（中国疾病预防控制中心职业病卫生与中毒控制所 24 小时服务电话）；急救热线：所在地的急救电话 120。

77. 造成农药非生产性中毒的主要原因有哪些？

在日常生活中接触农药而发生的中毒叫非生产性中毒，造成非生产性中毒的主要原因如下：

（1）乱用农药。如用高毒农药灭虱、灭蚊等。

（2）没有妥善保管农药。如把农药与粮食混放，吃了被农药污染的粮食容易中毒。

（3）用农药空瓶装油、酒或用农药包装品装食物等。

（4）食用近期施药的瓜果、蔬菜、拌过农药的种子或农药毒死的畜禽、鱼虾等。

（5）施药后田水遗漏或清洗药械，污染了饮用水源。

（6）有意投毒或因寻短见服农药自杀等。

78. 怎样处理未用完的农药？

未用完的农药应按如下方法妥善处理：

（1）对没有用完的农药一定要单独放在闲置的房间里，并加锁保管好，远离儿童，切勿随心所欲地丢在一边。特别是不可与食物放在一起，因为如果瓶盖拧得不紧，有些液体农药极易挥发，会污染食物，引发食物中毒事件。

（2）防止农药混放，防止药、肥混放。农药有的为碱性，有的为酸性，二者不宜放在一起。有的农民朋友把没用完的几种农药倒在一个瓶内，如果是性质不同的农药就会起化学反应，变质失去原来的药效。农药和碳铵放在一起，因为碳铵受热后起化学反应成为氢氧化铵，一遇农药，就会导致农药失效。因此，存放农药还要把瓶子的盖盖好拧紧，妥善存放。

（3）农药不得受潮和曝晒。农药应放在通风干燥的地方，液体农药受潮后，易成固体沉淀失效，粉剂状农药逐渐形成块而变质。农药也不可在阳光下曝晒，曝晒后可能引起爆炸。

（4）对用不完的农药，一定要注意保质期，到保质期的不宜再存放。

79. 为什么要做好农产品农药残留检测工作？

一方面，农药残留检测作为一种检测手段，对保护环境、评价产品质量、保证食品安全、保障贸易往来，有不可替代的作用；另一方面，作为农产品保障链条的一个环节，且是终端环节，这是农产品质量安全的最后一道防线。作为一种技术，可以发现潜在的隐患，向上可追溯来源，向下可评估其危害。通过对农产品中农药残留量及时、准确的分析检测，从而监控农药的合理使用，杜绝农药残留超标的产品上市销售。

80. 引起蔬菜农药残留超标的因素有哪些？

引起蔬菜农药残留超标的主要因素如下：

（1）种植者法律意识淡薄，违反国家相关法律法规规定，使用国家明令禁止使用的禁限用农药。

（2）种植者随意增加农药使用量与使用次数。

（3）违背农药安全间隔期采收。由于农民受利益驱动，常违背农药安全间隔期提前收获，采收时不考虑是否超过安全间隔期而按市场行情确定。

科学用药防止农药残留超标

81. 我国农药残留检测方法有哪些?

目前，我国农药残留检测方法主要有农药残毒快速检测法和色谱检测法两大类。

82. 控制农药残留的方法有哪些?

控制农药残留应采取如下措施：

（1）正确使用农药。各级农业技术推广部门应当指导农民按照《农药安全使用规定》和《农药合理使用准则》等有关规定使用农药。

（2）加强技术指导。引导农民合理使用农业防治、物理防治、生物防治等方法，有效减少农药使用量。

（3）农业行政主管部门应制定行之有效的管理制度，开展对农残的监督检查。

（4）大力推广高效、低毒、低残留农药品种。

83. 哪些机构可以进行农产品质量安全检测？

依据《中华人民共和国农产品质量安全法》第三十五条的规定，农产品质量安全检测应当充分利用现有的符合条件的检测机构。从事农产品质量安全检测的机构，必须具备相应的检测条件和能力，由省级以上人民政府农业行政主管部门或者其授权的部门考核合格。具体办法由国务院农业行政主管部门制定。农产品质量安全检测机构应当依法经计量认证合格。

84. 送检农药应注意哪些问题？

使用农药发生纠纷时，所用农药的检验结果，对责任认可非常重要，因此送检的样品必须具有代表性，同时必须注意：未向有关部门投诉、使用者自行送检的，所送样品必须经过销售者认可，双方共同封样，或者共同送样；已向有关部门投诉的，应由受理投诉的单位取样送检，所送检的样品必须与使用的样品生产批次相同。应根据使用产生问题的不同，确定检测项目。防效不好的，应重点检测有效成分含量。产生药害的，除有效成分外，还要测定农药辅助指标并同时分析该药剂是否含有导致药害的有害物质。

85. 我国目前禁止使用的杀鼠剂有哪些？

我国目前已禁止使用的杀鼠剂有：氟乙酰胺、氟乙酸钠、毒鼠强、甘氟和灭鼠硅。

86. 我国允许使用的杀鼠剂有哪些?

目前，我国批准登记允许使用的杀鼠剂中磷化锌为急性杀鼠剂；杀鼠灵、氟鼠灵、杀鼠醚、敌鼠钠盐、溴敌隆、溴鼠灵6种抗凝血杀鼠剂为慢性杀鼠剂；生物型杀鼠剂C型肉毒梭菌毒素和D型肉毒梭菌毒素介于急性与慢性之间。

87. 如何做好科学灭鼠工作?

老鼠在自然界生存中生物习性最狡猾。一般在取食时先由低等鼠（体弱鼠）试吃，确认没有危险后高等鼠（大部分鼠）才开始取食。在灭鼠工作中人们往往有急于求成的心理，不顾鼠类的生物习性和家畜、人身的安全，人为选用剧毒鼠药。当低等鼠（体弱鼠）吃后马上死去，这就警告了大部分鼠不吃药饵，从而造成

科学灭鼠

杀鼠效率低。此外，使用剧毒鼠药，当死鼠被家畜、猫、狗吃后也会产生二次中毒现象。因此高效、安全、适口性好、无二次中毒的

抗凝血杀鼠剂（溴敌隆等）便成为当前灭鼠的首选杀鼠剂。需要灭鼠的朋友，在购买鼠药时一定要到有经营杀鼠剂农药资格的农药经营部门去购买，在购买时要仔细阅读使用说明并认准是否属于国家批准使用的鼠药。切不可购买集贸市场上摊贩销售的鼠药，更不能购买国家明令禁止生产、销售和使用的剧毒鼠药。

88. 农药废弃包装物有哪些危害?

农药废弃包装物主要包括：农药箱、瓶、桶、罐、袋等。这些农药废弃包装物如果随意丢在田间地头，就会造成以下危害：

（1）废弃农药包装中含有残留农药，一方面通过蒸发，残留农药会进入空气，对大气形成一定污染；另一方面随着雨水的冲刷，废弃农药包装物中的残留农药也会直接进入土壤和农作物，造成对环境生物和农产品质量安全长期和潜在的危害。

（2）目前农药废弃包装中主要以玻璃瓶、塑料瓶、塑料袋、铝箔袋为主，这类农药包装废弃物在自然环境中很难降解，长期积累废弃农药包装物容易在土壤中形成阻隔层，造成土壤通透性和通气性差，影响农作物根系的生长扩展。由于阻隔层阻碍了植株对土壤养分和水分的吸收，废弃农药包装物就会间接导致田间农作物减产。

（3）废弃农药包装物长期散落田间、地头，不仅会造成严重的"视觉污染"，而且农药玻璃瓶的碎片也容易导致作业人员和牲畜受到伤害。

正确使用农药，可以有效防治农业病虫害，促进农业增产增收，但在农药使用过程中，也不要忽视废弃农药包装物对农产品质量安全、生态安全，乃至公共安全存在隐患。在大力提倡农产品质量安全、农业可持续发展的今天，人们应该在享受农药给病虫害防治方面带来巨大成果的同时，必须想办法避免废弃农药包装物导致的各种危害。

89. 如何处理农药废弃包装物？

农药用完后，盛药的空瓶、空桶、空箱及其他包装物上一般都会沾有农药，处理不当，就可能引发中毒事故。因此，农药废弃包装物一定严禁他用，特别注意不要用盛过农药的容器装食物或饮料，也不要随地乱扔或长时间露天堆放。

有些农药包装物农药生产企业可以再利用，这些包装物可以由经营部门或生产企业统一回收；对回收价值不高的，要远离村庄处集中焚烧，焚烧时人不要站在火焰产生的烟雾中。目前，北京市有关部门正在统一回收农药废弃包装物，使用者应把它们集中放在安全的地方保存，分批移送处理部门。处理部门会将农药废弃包装物送到指定单位，集中进行无害化处理。

90. 应如何进行农药投诉举报？

投诉、举报违法经营，使用农药，应注意如下事项：

（1）注意投诉一定要在有效时间内进行。我国的法律规定，消费者知道或者应该知道自己的权益受到侵害超过1年的，其申请不予受理或者终止受理。

（2）注意做好农药评判工作。由于农药是特殊的商品，在自己认为其购买的农药有问题时，在投诉前应当向当地农药管理机构申请判定农药标签是否合格。如怀疑农药质量有问题，可向农药检测机构申请农药质量检测，鉴定结果确实为假劣农药时，方可投诉。

（3）举报人可通过来人、来函、电话、网络等方式，向农业、工商等职能部门举报违法经营、使用农药线索。

中 篇

法 律 法 规

一、相关违法行为

1. 经营过期农药

（1）经营过期农药，违反了《农药管理条例》第二十三条的规定，具体规定如下：

> 超过产品质量保证期限的农药产品，经省级以上人民政府农业行政主管部门所属的农药检定机构检验，符合标准的，可以在规定期限内销售；但是，必须注明"过期农药"字样，并附具使用方法和用量。

（2）处罚依据：依据《农药管理条例实施办法》第三十九条的规定进行处罚。

> 对经营未注明"过期农药"字样的超过产品质量保证期的农药产品的，由农业行政主管部门给予警告，没收违法所得，可以并处违法所得3倍以下的罚款；没有违法所得的，并处3万元以下的罚款。

（3）依据农业部办公厅《关于擅自修改农药标签和赠送过期农药适用法律问题的函》，农药经营者以赠送、奖励、捆绑销售等名义向消费者提供农药产品的，应当认定为经营农药的行为。赠送过期农药产品且未注明"过期农药"字样的，应当认定为经营未注明"过期农药"字样的超过产品质量保证期农药产品的行为，依照《农药管理条例实施办法》第三十九条予以处罚。

2. 生产、经营假劣农药

（1）生产、经营假农药，违反了《农药管理条例》第三十一条第一款的规定，具体规定如下：

禁止生产、经营和使用假农药。

（2）生产、经营劣质农药，违反了《农药管理条例》第三十二条第一款的规定，具体规定如下：

禁止生产、经营和使用劣质农药。

（3）处罚依据：依据《农药管理条例》第四十三条，以及《农药管理条例实施办法》第三十八条进行处罚。

《农药管理条例》第四十三条规定如下：

生产、经营假农药、劣质农药的，依照刑法关于生产、销售伪劣产品罪或者生产、销售伪劣农药罪的规定，依法追究刑事责任；尚不够刑事处罚的，由农业行政主管部门或者法律、行政法规规定的其他有关部门没收假农药、劣质农药和违法所得，并处违法所得 1 倍以上 10 倍以下的罚款；没有违法所得的，并处 10 万元以下的罚款；情节严重的，由农业行政主管部门吊销农药登记证或者农药临时登记证，由工业产品许可管理部门吊销农药生产许可证或者农药生产批准文件。

《农药管理条例实施办法》第三十八条规定如下：

对生产、经营假农药、劣质农药的，由农业行政主管部门或者法律、行政法规规定的其他有关部门，按以下规定给予处罚：

（一）生产、经营假农药的，劣质农药有效成分总含量低于产品质量标准30%（含30%）或者混有导致药害等有害成分的，没收假农药、劣质农药和违法所得，并处违法所得 5 倍以上 10 倍以下的罚款；没有违法所得的，并处 10 万元以下的罚款。

（二）生产、经营劣质农药有效成分总含量低于产品质量标准 70%（含 70%）但高于 30% 的，或者产品标准中乳液稳定性、悬浮率等重要辅助指标严重不合格的，没收劣质农药和违法所得，并处违法所得 3 倍以上 5 倍以下的罚款；没有违法所得的，并处 5 万元以下的罚款。

（三）生产、经营劣质农药有效成分总含量高于产品质量标准 70% 的，或者按产品标准要求有一项重要辅助指标或者二项以上一般辅助指标不合格的，没收劣质农药和违法所得，并处违法所得 1 倍以上 3 倍以下的罚款；没有违法所得的，并处 3 万元以下罚款。

（四）生产、经营的农药产品净重（容）量低于标明值，且超过允许负偏差的，没收不合格产品和违法所得，并处违法所得 1 倍以上 5 倍以下的罚款；没有违法所得的，并处 5 万元以下罚款。

生产、经营假农药、劣质农药的单位，在农业行政主管部门或者法律、行政法规规定的其他有关部门的监督下，负责处理被没收的假农药、劣质农药，拖延处理造成的经济损失由生产、经营假农药和劣质农药的单位承担。

3. 擅自修改标签内容

（1）无农药名称，违反了《农药标签和说明书管理办法》第七条第一款、第二款的规定，具体规定如下：

标签应当注明农药名称、有效成分及含量、剂型、农药登记证号或农药临时登记证号、农药生产许可证号或者农药生产批准文件号、产品标准号、企业名称及联系方式、生产日期、产品批号、有效期、重量、产品性能、用途、使用技术和使用方法、毒性及标识、注意事项、中毒急救措施、贮存和运输方法、农药类别、象形图及其他经农业部核准要求标注的内容。

产品附具说明书的，说明书应当标注前款规定的全部内容；标签至少应当标注农药名称、剂型、农药登记证号或农药临时登记证号、农药生产许可证号或者农药生产批准文件号、产品标准号、重量、生产日期、产品批号、有效期、企业名称及联系方式、毒性及标识，并注明"详见说明书"字样。

（2）擅自扩大防治范围，违反了《农药标签和说明书管理办法》第三十条的规定，具体规定如下：

标签和说明书上不得出现未经登记的使用范围和防治对象的图案、符号、文字。

（3）擅自使用商品名称，违反了"中华人民共和国农业部公告第 944 号"的规定，具体规定如下（摘录）：

自 2008 年 7 月 1 日起，农药生产企业生产的农药产品一律不得使用商品名称。

（4）擅自标注带有宣传、广告色彩的文字、符号、图案，擅自标注企业获奖和荣誉称号，违反了《农药标签和说明书管理办法》第二十四条的规定，具体规定如下：

标签不得标注任何带有宣传、广告色彩的文字、符号、图案，不得标注企业获奖和荣誉称号。法律、法规或规章另有规定的，从其规定。

（5）未在标志带标注农药类别文字，违反了《农药标签和说明书管理办法》第二十条第一款和第二款的规定，具体规定如下：

农药类别应当采用相应的文字和特征颜色标志带表示。不同类别的农药采用在标签底部加一条与底边平行的、不褪色的特征颜色标志带表示。

（6）标签农药名称标注位置不符，违反了《农药标签和说明书管理办法》第二十七条的规定，具体规定如下：

农药名称应当显著、突出，字体、字号、颜色应当一致，并符合以下要求：

（一）对于横版标签，应当在标签上部三分之一范围内中间位置显著标出；对于竖版标签，应当在标签右部三分之一范围内中间位置显著标出；

（二）不得使用草书、篆书等不易识别的字体，不得使用斜体、中空、阴影等形式对字体进行修饰；

（三）字体颜色应当与背景颜色形成强烈反差；

（四）除因包装尺寸的限制无法同行书写外，不得分行书写。

（7）未在农药名称的正下方（横版标签）或正左方（竖版标签）相邻位置醒目标注有效成分和剂型，违反了《农药标签和说明书管理办法》第二十八条的规定，具体规定如下：

有效成分含量和剂型应当醒目标注在农药名称的正下方（横版标签）或正左方（竖版标签）相邻位置（直接使用的卫生用农药可以不再标注剂型名称），字体高度不得小于农药名称的二分之一。

混配制剂应当标注总有效成分含量以及各种有效成分的通用名称和含量。各有效成分的通用名称及含量应当醒目标注在农药名称的正下方（横版标签）或正左方（竖版标签），字体、字号、颜色应当一致，字体高度不得小于农药名称的二分之一。

（8）擅自粘贴、剪切、涂改农药标签或说明书，违反了《农药标签和说明书管理办法》第五条的规定，具体规定如下：

标签和说明书的内容应当真实、规范、准确，其文字、符号、图案应当易于辨认和阅读，不得擅自以粘贴、剪切、涂改等方式进行修改或者补充。

（9）标注其他机构的，违反了《农药标签和说明书管理办法》第十条的规定，具体规定如下：

企业名称是指生产企业的名称，联系方式包括地址、邮政编码、联系电话等。

进口农药产品应当用中文注明原产国（或地区）名称、生产者名称以及在我国办事机构或代理机构的名称、地址、邮政编码、联系电话等。

除本办法规定的机构名称外，标签不得标注其他任何机构的名称。

（10）未标注毒性标识，违反了《农药标签和说明书管理办法》第十六条的规定，具体规定如下：

毒性分为剧毒、高毒、中等毒、低毒、微毒五个级别，分别用"☠"标识和"剧毒"字样、"☠"标识和"高毒"字样、"◆"标识和"中等毒"字样、"低毒"标识、"微毒"字样标注。标识应当为黑色，描述文字应当为红色。

由剧毒、高毒农药原药加工的制剂产品，其毒性级别与原药的最高毒性级别不一致时，应当同时以括号标明其所使用的原药的最高毒性级别。

（11）处罚依据：依据《农药管理条例》第四十条第（三）项进行处罚。

> 生产、经营产品包装上未附标签、标签残缺不清或者擅自修改标签内容的农药产品的，给予警告，没收违法所得，可以并处违法所得3倍以下的罚款；没有违法所得的，可以并处3万元以下的罚款。

4. 擅自生产、经营未取得农药登记证或农药临时登记证的农药产品

（1）擅自生产、经营未取得农药登记证或农药临时登记证的农药产品，违反了《农药管理条例》第三十条第二款的规定，具体规定如下：

> 任何单位和个人不得生产、经营、进口或者使用未取得农药登记证或者农药临时登记证的农药。

（2）处罚依据：依据《农药管理条例》第四十条第（一）项的规定进行处罚，具体规定如下：

> 未取得农药登记证或者农药临时登记证，擅自生产、经营农药的，或者生产、经营已撤销登记的农药的，责令停止生产、经营，没收违法所得，并处违法所得1倍以上10倍以下的罚款；没有违法所得的，并处10万元以下的罚款。

（3）依据农业部办公厅《关于擅自修改农药标签和赠送过期农药适用法律问题的函》，农药经营者以赠送、奖励、捆绑销售等名义向消费者提供农药产品的，应当认定为经营农药的行为。赠送、奖励、捆绑销售未取得农药登记证农药的，应当认定为经营未取得

农药登记证农药的行为，依照《农药管理条例》第四十条第（一）项予以处罚。

5. 农药临时登记证有效期届满未办理续展手续

（1）农药临时登记证有效期满未办理续展手续，违反了《农药管理条例实施办法》第七条第（二）项规定，具体规定如下（摘录）：

> 农药临时登记证有效期为一年，可以续展，累积有效期不得超过三年。

（2）处罚依据：依据《农药管理条例》第四十条第（二）项的规定进行处罚。

> 农药登记证或者农药临时登记证有效期限届满未办理续展登记，擅自继续生产该农药的，责令限期补办续展手续，没收违法所得，可以并处违法所得5倍以下的罚款；没有违法所得的，可以并处5万元以下的罚款；逾期不补办的，由原发证机关责令停止生产、经营，吊销农药登记证或者农药临时登记证。

6. 假冒、伪造或者转让农药登记证或者农药临时登记证、农药登记证号或者农药临时登记证号、农药生产许可证或者农药生产批准文件、农药生产许可证号或者农药生产批准文件号

（1）假冒、伪造或者转让农药登记证或者农药临时登记证、农药登记证号或者农药临时登记证号、农药生产许可证或者农药生产批准文件、农药生产许可证号或者农药生产批准文件号，违反了《农药管理条例》第四十二条的规定，具体规定如下：

假冒、伪造或者转让农药登记证或者农药临时登记证、农药登记证号或者农药临时登记证号、农药生产许可证或者农药生产批准文件、农药生产许可证号或者农药生产批准文件号的，依照刑法关于非法经营罪或者伪造、变造、买卖国家机关公文、证件、印章罪的规定，依法追究刑事责任；尚不够刑事处罚的，由农业行政主管部门收缴或者吊销农药登记证或者农药临时登记证，由工业产品许可管理部门收缴或者吊销农药生产许可证或者农药生产批准文件，由农业行政主管部门或者工业产品许可管理部门没收违法所得，可以并处违法所得10倍以下的罚款；没有违法所得的，可以并处10万元以下的罚款。

（2）处罚依据：依据《农药管理条例》第四十二条（见本款上文）的规定予以处罚。

二、相关法律法规

1. 制售假劣农药应承担的刑事责任

《中华人民共和国刑法》第一百四十条【生产、销售伪劣商品罪】规定如下：

生产者、销售者在产品中掺杂、掺假，以假充真，以次充好或者以不合格产品冒充合格产品，销售金额五万元以上不满二十万元的，处二年以下有期徒刑或者拘役，并处或者单处销售金额百分之五十以上二倍以下罚金；销售金额二十万元以上不满五十万元的，处二年以上七年以下有期徒刑，并处销售金额百分之五十以上二倍以下罚金；销售金额五十万元以上不满二百万元的，处七年以上有期徒刑，并处销售金额百分之五十以上二倍以下罚金；销售金额二百万元以上的，处十五年有期徒刑或者无期徒刑，并处销售金额百分之五十以上二倍以下罚金或者没收财产。

《中华人民共和国刑法》第一百四十七条【生产、销售伪劣农药、兽药、化肥、种子罪】规定如下：

生产假农药、假兽药、假化肥，销售明知是假的或者失去使用效能的农药、兽药、化肥、种子，或者生产者、销售者以不合格的农药、兽药、化肥、种子冒充合格的农药、兽药、化肥、种子，使生产遭受较大损失的，处三年以下有期徒刑或者拘役，并处或者单处销售金额百分之五十以上二倍以下罚金；使生产遭受重大损失的，处三年以上七年以下有期徒刑，并处销售金额百分之五十以上二倍以下罚金；使生产遭受特别重大损失的，处七年以上有期徒刑或者无期徒刑，并处销售金额百分之五十以上二倍以下罚金或者没收财产。

2.《最高人民法院、最高人民检察院关于办理危害食品安全刑事案件适用法律若干问题的解释》中的相关规定

《最高人民法院、最高人民检察院关于办理危害食品安全刑事案件适用法律若干问题的解释》中涉及农药的相关规定如下：

第十一条 以提供给他人生产、销售食品为目的，违反国家规定，生产、销售国家禁止用于食品生产、销售的非食品原料，情节严重的，依照刑法第二百二十五条的规定以非法经营罪定罪处罚。

违反国家规定，生产、销售国家禁止生产、销售、使用的农药、兽药，饲料、饲料添加剂，或者饲料原料、饲料添加剂原料，情节严重的，依照前款的规定定罪处罚。

实施前两款行为，同时又构成生产、销售伪劣产品罪，生产、销售伪劣农药、兽药罪等其他犯罪的，依照处罚较重的规定定罪处罚。

第二十条 下列物质应当认定为"有毒、有害的非食品原料"（摘录）：

（三）国务院有关部门公告禁止使用的农药、兽药以及其他有毒、有害物质。

注：上述条款自 2013 年 5 月 4 日起施行

3. 以暴力、威胁方法阻碍执法人员依法执行职务

《中华人民共和国刑法》第二百七十七条【妨害公务罪】第一款规定如下：

以暴力、威胁方法阻碍国家机关工作人员依法执行职务的，处三年以下有期徒刑、拘役、管制或者罚金。

《中华人民共和国治安管理处罚法》第五十条规定如下：

有下列行为之一的，处警告或者二百元以下罚款；情节严重的，处五日以上十日以下拘留，可以并处五百元以下罚款（摘录）：

（二）阻碍国家机关工作人员依法执行职务的。

4. 生产、销售国家明令淘汰并停止销售的产品

《中华人民共和国产品质量法》第五十一条规定如下：

生产国家明令淘汰的产品的，销售国家明令淘汰并停止销售的产品的，责令停止生产、销售，没收违法生产、销售的产品，并处违法生产、销售产品货值金额等值以下的罚款；有违法所得的，并处没收违法所得；情节严重的，吊销营业执照。

5. 拒绝接受依法进行的产品质量监督检查

《中华人名共和国产品质量法》第五十六条规定如下：

拒绝接受依法进行的产品质量监督检查的，给予警告，责令改正；拒不改正的，责令停业整顿；情节特别严重的，吊销营业执照。

6. 当事人逾期不履行行政处罚决定

《中华人民共和国行政处罚法》第五十一条规定如下：

当事人逾期不履行行政处罚决定的，作出行政处罚决定的行政机关可以采取下列措施：

（一）到期不缴纳罚款的，每日按罚款数额的百分之三加处罚款；

（二）根据法律规定，将查封、扣押的财物拍卖或者将冻结的存款划拨抵缴罚款；

（三）申请人民法院强制执行。

7. 行政复议

《中华人民共和国行政复议法》第九条规定如下：

公民、法人或者其他组织认为具体行政行为侵犯其合法权益的，可以自知道该具体行政行为之日起六十日内提出行政复议申请；但是法律规定的申请期限超过六十日的除外。

《中华人民共和国行政复议法》第十二条规定如下：

对县级以上地方各级人民政府工作部门的具体行政行为不服的，由申请人选择，可以向该部门的本级人民政府申请行政复议，也可以向上一级主管部门申请行政复议。

8. 行政诉讼

《中华人民共和国行政诉讼法》第三十八条规定如下：

公民、法人或者其他组织向行政机关申请复议的，复议机关应当在收到申请书之日起两个月内作出决定。法律、法规另有规定的除外。

申请人不服复议决定的，可以在收到复议决定书之日起十五日内向人民法院提起诉讼。复议机关逾期不作决定的，申请人可以在复议期满之日起十五日内向人民法院提起诉讼。法律另有规定的除外。

《中华人民共和国行政诉讼法》第三十九条规定如下：

公民、法人或者其他组织直接向人民法院提起诉讼的，应当在知道作出具体行政行为之日起三个月内提出。法律另有规定的除外。

下 篇

农作物主要病虫草害识别与防治

一、小麦病虫草害

1. 小麦白粉病

（1）症状：小麦白粉病在小麦各生育期均可发生，病菌为害叶片、叶鞘、茎秆和穗部。病部初期产生黄色小点，后逐步扩大为圆形或椭圆形病斑，表面覆盖一层白色粉状霉层，以后逐步变成灰白色，最后变为褐色，上面生有褐色小点。

小麦白粉病为害小麦叶片　　　　　小麦白粉病为害麦穗

（2）药剂防治：可选用20%三唑酮乳油600倍液、30%己唑醇悬浮剂4 000倍液、12.5%烯唑醇可湿性粉剂2 500～5 000倍液对水喷雾。

2. 小麦腥黑穗病

（1）症状：小麦腥黑穗病发生于穗部，抽穗前症状不明显，抽穗后至成熟期明显，病穗较短、直立，颜色较健穗深，初为灰绿，后为灰白，颖壳麦芒外张，露出全部或部分病粒。病粒较健粒短粗，初为暗绿，后变灰黑，外包一层灰色膜，内部充满黑色粉末，外部仅保留一层麦粒薄皮。破裂后散发出有鱼腥味的三甲胺挥发气体。

小麦健穗（左）
与小麦腥黑穗病病穗（右）　　　　小麦腥黑穗病病粒（左）
与小麦健粒（右）

（2）药剂防治：可选用50%多菌灵可湿性粉剂、60克/升戊唑醇种子处理悬浮剂在播种前按照种子重量2‰～3‰拌种。

3. 小麦散黑穗病

（1）症状：该病发生于穗部，病株较矮，病穗比健穗较早抽出。最初病穗外面包一层灰色薄膜，成熟后破裂，散出黑粉，黑粉吹散后，只残留裸露的穗轴。

小麦散黑穗病病株

（2）药剂防治：同小麦腥黑穗病防治方法。

4. 小麦赤霉病

（1）症状：小麦赤霉病又称麦穗枯、烂麦头、红麦头，是一种流行性、暴发性病害。从幼苗到抽穗都可受害，可引起苗腐、茎基腐、秆腐和穗腐，其中，为害最严重是穗腐。在小麦灌浆前呈现半个麦穗发白枯死症状。小麦扬花时，初在小穗和颖片上产生水浸状浅褐色斑，渐扩大至整个小穗，小穗枯黄。湿度大时，病斑处产生粉红色胶状霉层，用手触摸，有凸起感觉，不能抹去，籽粒

小麦赤霉病病穗

干瘪并伴有白色至粉红色霉。小穗发病后扩展至穗轴，病部枯褐，使被害部以上小穗形成枯白穗。

（2）药剂防治：可选用50%多菌灵可湿性粉剂400～600倍液、25%戊唑醇乳油800～1 200倍液、12.5%烯唑醇可湿性粉剂1 000～1 500倍液对水喷雾。

5. 小麦吸浆虫

（1）为害特点：幼虫附着在子房或刚灌浆的麦粒上，以口器刺伤麦粒表皮，吸食浆液。幼虫侵入越早为害越重，扬花期侵入，1头幼虫可使1粒麦粒受损，一般4头以上造成全穗损失。

小麦吸浆虫成虫　　　　　　小麦吸浆虫幼虫为害灌浆籽粒

（2）形态特征：① 成虫。雌成虫体长 2 ～ 2.5 毫米，翅展 5 毫米左右，体橘红色；前翅透明，有 4 条发达翅脉，后翅退化为平衡棒；触角细长，14 节，触角呈念珠状，上生一圈短环状毛。雄虫体长 2 毫米左右；触角每节中部收缩使各节呈葫芦状，膨大部分各生一圈长环状毛。② 卵。卵长 0.09 毫米，长圆形，浅红色。③ 幼虫。幼虫体长约 3 ～ 3.5 毫米，椭圆形，橙黄色，头小，无足，蛆形，前胸腹面有 1 个 "Y" 形剑骨片，前端分叉，凹陷深。④ 蛹。蛹长 2 毫米，裸蛹，橙褐色，头前方具白色短毛 2 根和长呼吸管 1 对。

（3）药剂防治：小麦拔节期可选用 50% 辛硫磷乳油 250 毫升 / 亩，加砂土 20 ～ 30 千克拌匀或 3% 辛硫磷颗粒剂 5 千克 / 亩，均匀撒施；扬花期可选用 4.5% 高效氯氰菊酯乳油 300 倍液、10% 吡虫啉可湿性粉剂 500 倍液 +80% 敌敌畏乳油 300 倍液、22% 噻虫·高氯氟微囊悬浮剂 1 000 ～ 1 500 倍液对水喷雾。

6. 小麦蚜虫

（1）为害特点：小麦蚜虫分有翅蚜和无翅蚜两种。主要种类有麦长管蚜、麦二叉蚜、禾缢管蚜、无网长管蚜，田间以麦二叉蚜和长管蚜为害为主。前期集中在小麦叶片的正面或背面，后期集中在穗上刺吸汁液。发生严重时，使受害小麦叶片变黄、生长缓慢、分蘖减少、千粒重下降。同时，蚜虫分泌蜜露可诱发煤污病，还可传播多种病毒病。

小麦蚜虫集中在小麦旗叶为害　　小麦蚜虫集中在小麦穗部为害

小麦蚜虫为害状

（2）药剂防治：可选用 4.5% 高效氯氰菊酯乳油 1 500 倍液、10% 吡虫啉可湿性粉剂 1 500 倍液 +80% 敌敌畏乳油 1 000 倍液、22% 噻虫·高氯氟微囊悬浮剂 3 000 倍液对水喷雾。

7. 蝼蛄

（1）为害特点：俗称拉拉蛄，属直翅目蝼蛄科，是为害小麦的 3 种主要地下害虫（蝼蛄、蛴螬、金针虫）之一。其成虫和若虫均可为害小麦，以春、秋两季为害较重。秋苗期串垄为害，造成麦根断裂，形成条状死苗；或为害小麦根茎，受害根部呈乱麻状。春季返青后继续为害，严重造成死苗或枯白穗。

蝼 蛄　　　　　　　　　蝼蛄为害状

（2）药剂防治：播种前拌种可选用种子重量 2‰ ～ 3‰ 的 40% 辛硫磷乳油或 48% 毒死蜱乳油拌种；已发生为害且虫量较大时，选用 40% 辛硫磷乳油或 48% 毒死蜱乳油 500 ～ 800 倍液灌根处理。

8. 蛴螬

（1）为害特点：俗称白地蚕，是金龟甲总科幼虫的总称，种类很多，成虫通称金龟子。秋季为害小麦时，幼虫在地下为害，咬断幼苗根茎，切口整齐，造成幼苗枯死，严重地块造成缺苗断垄。

蛴　螬

蛴螬为害状

（2）药剂防治：同蝼蛄防治方法。

9. 金针虫

（1）为害特点：俗称叩头虫、小黄虫，属鞘翅目叩甲科。以幼虫钻入幼苗根茎部取食为害，造成缺苗断垄。

金针虫为害状

（2）药剂防治：同蝼蛄防治方法。

10. 小麦红蜘蛛

（1）为害特点：以成虫、若虫刺吸小麦叶片汁液进行为害，受害叶上出现细小白点，严重时整个叶片变灰白，后逐渐变黄、枯萎，造成植株矮小，严重的全株干枯，导致穗小粒轻，千粒重下降。

小麦红蜘蛛为害状

（2）药剂防治：可选用1.8%阿维菌素乳油3 000倍液或20%哒螨灵可湿性粉剂1 500倍液对水喷雾。

11. 麦田杂草

（1）杂草种类：麦田杂草简单的可以分为阔叶杂草和禾本科杂草。其中阔叶杂草主要有荠菜、播娘蒿、葎草、田旋花等；禾本科杂草主要有雀麦、马唐、芦苇等。

播娘蒿田间为害状　　　　　　葎草田间为害状

荠　菜

田旋花

田旋花田间为害状

雀麦茎

雀麦小穗

雀麦田间为害状

（2）药剂防治：阔叶杂草在小麦分蘖期至拔节期前，杂草2～4叶期，可选用10%苯磺隆可湿性粉剂10克/亩，对水30～40千克进行茎叶喷雾处理；禾本科杂草如雀麦可在小麦播种后，雀麦2～3叶期，选择无风晴天，用70%氟唑磺隆水分散粒剂10 000～15 000倍液、10%精噁唑禾草灵乳油3 000～4 000倍液茎叶喷雾。

二、玉米病虫草害

1. 玉米大斑病

（1）症状：主要为害玉米叶片。下部叶片先出现水渍状青灰色斑点，然后沿叶脉向两端扩展，病斑呈长梭形、中央淡褐色，外缘暗褐色，当田间湿度大时，病斑表面产生灰黑色霉状物。严重时病斑融合，造成整个叶片枯死。

玉米大斑病

（2）药剂防治：可选用 50% 多菌灵可湿性粉剂 600 倍液、25% 三唑酮可湿性粉剂 800 倍液、30% 己唑醇悬浮剂 4 000 倍液喷雾。

2. 玉米小斑病

（1）症状：主要为害玉米叶片，病斑有 3 种，其一，受叶脉限制的椭圆形或近长方形病斑，黄褐色，边缘深褐色；其二，不受叶脉限制的灰褐色椭圆形病斑；其三，黄褐色坏死小斑点。多数病斑连在一起，造成叶片枯死。

玉米小斑病

（2）药剂防治：同玉米大斑病。

3. 玉米褐斑病

（1）症状：可为害玉米叶片、叶鞘和茎秆。先在顶部叶片的尖端发生，以叶和叶鞘交接处病斑最多，常密集成行，最初为黄褐色或红褐色小斑点，病斑为圆形或椭圆形到线形隆起，附近的叶组织常呈红色，小病斑常汇集在一起，严重时叶片上出现几段甚至全部布满病斑。在叶鞘上和叶脉上出现较大的褐色斑点，发病后期病斑表皮破裂，叶细胞组织呈坏死状，散出褐色粉末（病原菌的孢子囊），病叶局部散裂，叶脉和维管束残存如丝状。

玉米褐斑病

（2）药剂防治：同玉米大斑病防治方法。

4. 玉米纹枯病

（1）症状：主要为害叶鞘，也可为害茎秆和苞叶，严重时果穗受害。发病初期在基部 1～2 节叶鞘上产生暗绿色水浸状病斑，后扩展融合成不规则云纹状病斑。中部灰褐色，边缘深褐色。多雨、高湿气候持续时间长时，病部可见褐色菌核。

（2）药剂防治：可选用 50% 甲基硫菌灵可湿性粉剂 500 倍液、50% 多菌灵可湿性粉剂 600 倍液、50% 腐霉利可湿性粉剂 1 000～2 000 倍液喷雾，喷药重点为玉米基部。

5. 玉米粗缩病

（1）症状：是两种常见的玉米病毒病（玉米矮花叶病毒病和玉米粗缩病，两种病毒病均主要是由昆虫传毒引发的）之一。玉米感病后节间缩短，严重矮化，高度仅为健株高的 1/3～1/2。叶色浓绿，宽且质硬，成对生状。叶背侧脉上有长短不等的蜡白色凸起

| 玉米粗缩病病株 | 玉米粗缩病叶片典型症状 |

物，也可在后期的叶鞘、雄穗苞叶上见到。苗期感病后幼叶两侧细脉间可见透明呈虚线状的条点，这是初期症状的主要识别标志。感病植株不能正常抽穗或花丝不发达，结实少。

（2）药剂防治：主要是防治传毒媒介灰飞虱、蚜虫等，可在其迁入始期和盛期选用 4.5% 高效氯氰菊酯乳油 1 500 倍液、10% 吡虫啉可湿性粉剂 1 500 倍液 +80% 敌敌畏乳油 1 000 倍液、22% 噻虫·高氯氟微囊悬浮剂 3 000 倍液喷雾预防。

6. 矮花叶病毒病

（1）症状：幼苗感病后，心叶基部细脉间出现椭圆形褪绿小点，断续排列成条点花叶状，以后发展为黄绿相间的条纹，不受叶脉的限制，与健部相间形成花叶病状。后期感病病叶叶尖的边缘变紫、干枯。

 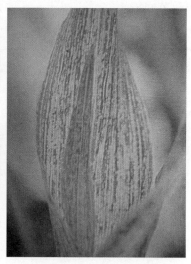

玉米矮花叶病毒病病株　　　　玉米矮花叶病毒病典型症状

（2）药剂防治：同玉米粗缩病防治方法。

7. 玉米螟

（1）为害特点：玉米螟以幼虫为害玉米叶片、茎秆、雄穗和雌穗。苗期初龄幼虫蛀食嫩叶形成排孔花叶，3龄后幼虫钻蛀玉米茎秆，为害花苞、雄穗和雌穗。造成玉米茎秆易折，雌穗发育不良等。

玉米螟幼虫为害茎秆　　　　　　玉米螟幼虫为害雌穗

释放赤眼蜂防治玉米螟

（2）防治方法：① 药剂防治。在其防治关键时期——玉米心叶期，选用18%杀虫双水剂250毫升/亩，50%辛硫磷乳油200～250毫升与5～10千克细沙土混合均匀，或直接使用4.5%辛硫磷颗粒剂2.5～3千克，与5～10千克沙土混合，均匀撒入玉米心叶。② 生物防治。在玉米螟卵盛期释放赤眼蜂防治玉米螟。

8. 黏 虫

（1）为害特点：黏虫以幼虫咬食玉米叶片或咬断刚出苗的茎秆进行为害。1～2龄幼虫仅食叶肉形成小孔，3龄后形成缺刻，5～6龄进入暴食期，虫量大时，可将叶片全部吃光成光秆。当一块田被吃光时，可成群迁移到另一块田为害。

黏虫幼虫　　　　　　　　　　黏虫为害夏玉米

（2）药剂防治：可选用25%灭幼脲悬浮剂50～70毫升/亩、4.5%高效氯氰菊酯乳油50～70毫升/亩对水喷雾。

9. 玉米蚜虫

（1）为害特点：玉米幼苗期，蚜虫集中于心叶为害，造成植株生长不良，甚至死亡。穗期密布于叶背、叶鞘、苞叶和花丝处，直接刺吸为害，同时，其排泄的"蜜露"粘附在叶片上，形成一层黑色的露状物，引起煤污病，从而影响光合作用，引起减产。此外，玉米蚜虫还传播玉米矮花叶病毒病，为害更大。

玉米蚜虫聚集在叶片为害　　玉米蚜虫为害后形成煤污病

（2）药剂防治：同小麦蚜虫防治方法。

10. 玉米蓟马

（1）为害特点：蓟马个体小，会飞善跳，较喜干燥条件，在低洼、干旱、通风不良的玉米地发生多。蓟马为害造成不连续的银白色食纹并伴有虫粪污点，叶正面相对应的部分呈现黄色条斑。成虫在取食处的叶肉中产卵，对光透视可见针尖大小的白点。为害多集

玉米蓟马

中在自下而上第二至第四或第二至第六叶上，即使新叶长出后也很少转向新叶中为害。

（2）药剂防治：可选用25克/升多杀霉素悬浮剂1 000倍液、4.5%高效氯氰菊酯乳油1 500倍液喷雾防治、30%乙酰甲胺磷乳油1 000倍液对水喷雾。

11. 褐足角胸叶甲

（1）为害特点：主要以成虫取食叶肉，被害部呈不规则白色网状斑和孔洞；为害心叶可使心叶卷缩在一起呈牛尾状，不易展开。从玉米苗期至成株期均可受害，但以玉米抽雄前受害最重。一般每年6月下旬到8月上旬为成虫为害玉米盛期，尤其是夏玉米苗期受害严重，对玉米造成较大损失。幼虫生活于土中，害食植株根部，并于土中化蛹羽化后，为害植物地上部分。

褐足角胸叶甲　　　　　　　褐足角胸叶甲为害玉米状

（2）形态特征：玉米褐足角胸叶甲属鞘翅目叶甲科，成虫卵形或近方形，前胸背板呈六角形，两侧中间突出为尖角，体长3～5.5毫米，体色变异大，一般为铜绿、蓝绿和棕黄3种类型。

（3）药剂防治：可选用4.5%高效氯氰菊酯乳油1 500倍液、

30% 乙酰甲胺磷乳油 1 000 倍液、48% 毒死蜱乳油 1 500 倍液对水喷雾。

12. 玉米田杂草

（1）杂草种类：玉米田杂草主要以一年生杂草为主，部分地区同时还有越年生杂草。主要杂草种类有：马唐、牛筋草、稗草、狗尾草、反枝苋、马齿苋、龙葵、铁苋菜、打碗花、苍耳、葎草等。春玉米生长期长，前期以稗草、狗尾草、藜、苍耳等为主，中后期以刺菜、打碗花、蒿等为主。夏玉米生长期较短，播种时正值高温多雨季节，主要以牛筋草、马唐、反枝苋、马齿苋等为主。

苍　耳　　　　　　　　　　龙　葵

打碗花　　　　　　　　　　马　唐

马齿苋 狗尾草

（2）药剂防治：在玉米播后苗前，可亩用40%莠去津100～150毫升+50%乙草胺100毫升/亩或40%乙·莠悬浮剂300～400克对水40～50千克进行地面喷雾。如果免耕覆盖田秸秆量大，可适当加大药液量，使药剂下淋扩散，提高防治效果。未进行土壤封闭处理或者封闭效果不好的地块，玉米苗后4～7叶期，杂草2～4叶期，可亩用40%烟嘧磺隆70～100毫升，对水20～30千克或55%硝磺·莠去津悬浮剂（春玉米100～150毫升、夏玉米80～120毫升）对水15～30千克均匀喷雾。

注：烟嘧磺隆不适用于甜、糯玉米及京科系列敏感品种，应引起注意，避免产生药害。

三、茄科蔬菜病虫害

1. 番茄黄化曲叶病毒病

（1）症状：番茄苗期至成株期均可发病。发病初期，上部叶片首先表现黄化型花叶，叶片有皱褶，向上卷曲，变小，变厚，叶片僵硬，生长点黄化，上部嫩叶症状明显，下部老叶症状不明显。茎秆上部变粗，节间变短，多分枝，生长缓慢或停滞，植株明显矮化，后期发病严重时，开花后坐果困难，果实不能正常转色，导致减产或绝收。

番茄黄化曲叶病毒病

番茄黄化曲叶病毒病后期病株

番茄黄化曲叶病毒病田间为害状

（2）药剂防治：可选用6%寡糖·链蛋白可湿性粉剂600～800倍液、40%烯羟吗啉胍可溶性粉剂1 000～1 500倍液喷雾防治，或者在病害发生前控制传毒介体烟粉虱进行预防。

2.早疫病

（1）主要为害作物：该病主要在番茄、茄子上发病。

（2）症状：苗期、成株期均可染病，主要侵染叶、茎、果。叶片发病初期呈针尖大小的黑点，后不断扩展成轮纹状，边缘多具浅绿色或黄色晕圈，中部有同心轮纹。茎部染病，多在分枝处产生褐色至深褐色不规则圆形或椭圆形病斑，表面生灰黑色霉状物。叶柄受害，产生椭圆形轮纹斑，深褐色或黑色，一般不将茎包住。果实染病，始于花萼附近，初为椭圆形或不定形褐色或黑色斑，凹陷，直径10～20毫米，后期果实开裂，病部较硬，密生黑色霉层，提早变红。

番茄早疫病病叶　　　番茄早疫病病果　　　番茄早疫病茎部病斑

（3）药剂防治：可选用50%异菌脲可湿性粉剂600～800倍液、80%代森锰锌可湿性粉剂400～500倍液、42.8%氟菌·肟菌酯悬浮剂4 500～5 000倍液喷雾防治。

3. 晚疫病

（1）主要为害作物：主要为害番茄、马铃薯等作物。

（2）症状：幼苗、叶、茎和果实均可染病。幼苗染病，病斑由叶片向茎蔓延，使茎变细并呈黑褐色，萎蔫或折倒，湿度大时病部表面生有白霉。叶片染病，多从植株下部叶片叶尖或叶缘处开始发病，初为暗绿色水浸状不定形病斑，扩大后转为褐色，湿度大时，叶背病健交界处长有白霉。茎上病斑呈腐败状，导致植株萎蔫。果实染病主要发生在青果上，病斑初呈油浸状暗绿色，后变为棕褐色至暗褐色，稍凹陷，边缘明显，果实一般不变软，湿度大时果实上长有少量白霉，迅速腐烂。

番茄晚疫病为害叶正面

番茄晚疫病为害叶背面

番茄晚疫病病果

高湿环境长出的白色霉层

番茄晚疫病田间为害状

（3）药剂防治：可选用 72% 霜脲·锰锌可湿性粉剂 600 ～ 800 倍液、250 克 / 升嘧菌酯悬浮剂 4 000 ～ 4 500 倍液、687.5 克 / 升氟菌·霜霉威悬浮剂 1 200 ～ 1 500 倍液喷雾。

4. 灰霉病

（1）主要为害作物：主要为害番茄、茄子、辣椒等作物。

（2）症状：苗期至成株期花、果、叶、茎均可发病。叶片发病从叶尖开始，沿叶脉间成 "V" 形向内扩展，灰褐色，有深浅相间的纹状线，病健交界分明，高湿时表面生有灰霉。果实染病，青果受害重，残留的柱头或花瓣多先被侵染，后向果实扩展，致使果皮呈灰白色，并生有厚厚的灰色霉层，呈水腐状。

番茄灰霉病病叶　　　　番茄灰霉病病果　　　　大椒灰霉病病果

（3）药剂防治：可选用 400 克 / 升嘧霉胺悬浮剂 600～1 000 倍液、43% 腐霉利悬浮剂 900～1 200 倍液、60% 乙霉·多菌灵可湿性粉剂 400～800 倍液、50% 啶酰菌胺水分散粒剂 2 000 倍液喷雾防治。

5. 菌核病

（1）主要为害作物：主要侵染番茄、辣椒、茄子等作物。

（2）症状：主要为害保护地作物的果实、叶片、茎。叶片多从叶缘开始，初呈水浸状，暗绿色，无定形病斑，潮湿时长出白霉，后期叶片灰褐色枯死。茎部染病，灰白色，稍凹陷，后期表皮纵裂，病斑大小、形状、长短不等，边缘水渍状，发生严重时，表面和病茎内均生有白色菌丝及黑色菌核。果实被害多从果柄开始向果实蔓延，病部灰白色至淡黄色，斑面长出白色菌丝及黑色菌核，病果软腐。

大椒感染菌核病　　　　　　　　大椒菌核病病茎和病果

番茄菌核病初期病果　　　　　　番茄菌核病后期病果

（3）药剂防治：定植前可选用20%辣根素水乳剂5升/亩随滴灌进行土壤处理，待药液全部滴入后覆膜密闭棚室2～3天，揭膜后1～2天即可定植；定植后可选用43%腐霉利悬浮剂900～1 200倍液、$1×10^6$孢子/克寡雄腐霉3 000倍液进行灌根处理等。

6. 根结线虫病

（1）主要为害作物：主要为害番茄、辣椒、茄子等作物。

（2）症状：病害主要发生在根部的须根和侧根上。病部肿大成不规则一串串瘤状，大小不一，剖开根结有乳白线虫。地上部植株生长衰弱、矮小，生长不良，结实少而小。当天气干旱或水分供应不足时，中午前后地上部植株常出现萎蔫，严重时植株枯死。

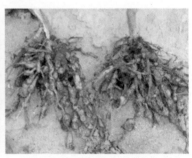

番茄根结线虫病地上部植株症状　　　番茄根结线虫病根部症状

（3）药剂防治：可在播种前用1.8%阿维菌素乳油1.3～2毫升/平方米对苗床进行处理；定植前1.8%阿维菌素乳油0.9～1.4千克/亩或10%噻唑膦颗粒剂1.5～2千克/亩，拌细（沙）土40千克，撒施、沟施或穴施，进行土壤处理。

7. 叶霉病

（1）主要为害作物：主要为害番茄。

（2）症状：叶霉病主要为害叶片。发病初期，叶背生白色霉斑，病斑近圆形或不规则形。病斑多时可相互融合，布满叶背，后期病斑转褐色至墨绿色。被害叶片正面，出现椭圆形或不规则淡黄色褪绿斑，叶背病斑上长出墨绿色霉层，随着叶背霉斑的扩大，叶面黄色区也扩大直至全叶枯黄，严重时叶片正面也会产生霉斑，导致叶及整株干枯。

番茄叶霉病叶正面病斑　　　　　　番茄叶霉病叶背面病斑

（3）药剂防治：可选用47%春雷霉素·王铜可湿性粉剂600～800倍液、10%苯醚甲环唑水分散粒剂800～1 500倍液、42.8%氟菌·肟菌酯悬浮剂4 000～6 000倍液喷雾防治。

8. 棉铃虫

（1）主要为害作物：可为害番茄、辣椒等作物。

（2）为害特点：棉铃虫为杂食性害虫，是喜温喜湿性害虫。主要为害叶和果实，有钻蛀性和转主为害的特性，被其钻蛀过的果失去商品性。

（3）形态特征：① 成虫。成虫体长 14 ～ 18 毫米，翅展 30 ～ 38 毫米，灰褐色。前翅长度等于体长，前翅具褐色环状纹及肾形纹，肾纹前方的前缘脉上有一褐纹，肾纹外侧为褐色宽横带，端区各脉间有黑点。后翅黄白色或淡褐色，端区褐色或黑色。② 卵。卵约 0.5 毫米，半球形，乳白色，具纵横网格。③ 幼虫。幼虫体色多变（所谓一龄白，二龄黑，三龄黄绿色，还有淡红、紫黑色），北京地区一年发生 4 代，露地番茄以第二代、保护地番茄以第三、第四代为害较重。

番茄棉铃虫卵 　　　　　　　　番茄棉铃虫为害果实状

（4）药剂防治：可选用 4.5% 高效氯氰菊酯乳油 1 000 ～ 1 500 倍液、2% 甲氨基阿维菌素苯甲酸盐乳油 6 000 ～ 8 000 倍液、25% 灭幼脲悬浮剂 1 000 ～ 1 200 倍液喷雾防治。

9. 潜叶蝇

（1）主要为害作物：可为害番茄、辣椒、茄子等作物。

（2）为害特点：幼虫孵化后潜食叶肉，在叶片上形成蛇形弯曲虫道，仅留表皮，虫道的终端不明显变宽。上部叶片和底部叶片均会发生，发生严重时叶片在很短时间内就被钻花干枯，至叶片坏死，严重影响植株的光合作用。

番茄潜叶蝇为害状

（3）药剂防治：可选用 10% 溴氰虫酰胺可分散油悬浮剂 8 000 倍液、10% 灭蝇胺悬浮剂 1 500 ～ 2 000 倍液、30% 阿维·杀单可湿性粉剂 1 500 ～ 2 000 倍液对水喷雾。

10. 烟粉虱

（1）主要为害作物：可为害番茄、茄子、辣椒等多种茄科作物。

（2）发生特点：烟粉虱以成虫、若虫聚集在植株中上部叶片背面，吸食汁液，受害叶褪绿、变黄、萎焉或枯死。为害时分泌蜜露，产生灰黑色霉状物，引发煤污病；更严重的是传播番茄黄化曲叶病毒病，影响作物产量和品质。高温、干旱、强光照的气候条件，利于烟粉虱的发育繁殖和迁飞。

（3）形态特征：①成虫。雌虫体长 0.91 ± 0.04 毫米，翅展 2.13 ± 0.06 毫米；雄虫体长 0.85 ± 0.05 毫米，翅展 1.81 ± 0.06 毫米。虫体淡黄白色到白色，复眼红色，肾形，翅白色无斑点，停息时左右翅合拢呈屋脊状（与温室白粉虱的区别）。②卵。卵椭圆形，有小柄，与叶面垂直，卵柄通过产卵器插入叶内，卵初产时淡黄绿色，孵化前颜色加深，呈琥珀色至深褐色，但不变黑。卵不规则散产，多产在背面。每头雌虫可产卵 30 ~ 300 粒，在适合的植物上平均产卵 200 粒以上。从卵发育到成虫需要 18 ~ 30 天不等。③若虫（3 龄）。若虫椭圆形。1 龄若虫体长约 0.27 毫米，宽 0.14 毫米，有触角和足，能爬行，一旦成功取食合适寄主的汁液，就固定下来取食直到成虫羽化。2 龄、3 龄若虫体长分别为 0.36 毫米和 0.50 毫米。

烟粉虱为害大椒　　　　　　　烟粉虱为害番茄

（4）药剂防治：可选用 25% 噻嗪酮可湿性粉剂 1 000 ~ 1 500 倍液、25% 噻虫嗪水分散粒剂 3 000 ~ 5 000 倍液、22% 氟啶虫胺腈悬浮剂 8 000 倍液对水喷雾。

11. 温室白粉虱

（1）主要为害作物：可为害番茄、茄子、辣椒等多种茄科作物。

（2）发生特点：以成虫、若虫聚集在植株中上部叶片背面，吸食汁液，受害叶褪绿、变黄、萎焉或枯死。为害时分泌蜜露，产生灰黑色霉状物，更严重的是传播病毒病，影响作物产量和品质；还可传播病毒病，造成更大为害。高温、干旱、强光照的气候条件，利于其发育繁殖和迁飞。

（3）形态特征：①成虫。成虫长 1 ~ 1.5 毫米，淡黄色，翅面覆盖白色蜡粉，停息时双翅在体上呈平铺状。②卵。卵长约 0.2 毫米，从叶背气孔插入植物组织中。初产淡绿色，后渐变褐色，孵化前呈黑色，表面覆蜡粉。③若虫。若虫共分 4 个龄期，1 龄若虫体长约 0.29 毫米，长椭圆形，2 龄若虫体长约 0.37 毫米，3 龄若虫体长约 0.51 毫米，淡绿色或黄绿色，4 龄若虫又称伪蛹，体长 0.7 ～ 0.8 毫米，椭圆形，体背有长短不齐的蜡丝，体侧有刺，黄褐色。

温室白粉虱成虫和伪蛹　　　　温室粉虱诱发的煤污病

（4）药剂防治：同烟粉虱防治方法。

四、葫芦科蔬菜病虫害

1. 白粉病

（1）症状：该病全生育期均可发生，以生长中后期受害严重。主要为害叶片，叶柄、茎蔓次之。发病初期在叶正面或叶背面及茎蔓上产生白色近圆形小粉斑，以叶面居多，以后向四周扩散形成边缘不明显的连片白粉，即病菌的菌丝和分生孢子。发病后期，白色霉斑逐渐消失，病部呈灰褐色，病叶枯黄坏死。有时在病斑上长出黄褐色至黑褐色小粒点，即病菌的闭囊壳。田间湿度大，白粉病流行的速度加快。

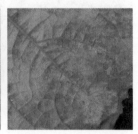

南瓜白粉病病叶　　　黄瓜白粉病病叶正面　　　黄瓜白粉病病叶背面

（2）药剂防治：可选用 40% 氟硅唑乳油 8 000 倍液、10% 苯醚甲环唑水分散粒剂 2 000～3 000 倍液、50% 醚菌酯水分散粒剂 3 000～4 000 倍液、10% 多抗霉素 600～800 倍液、30% 氟菌唑可湿性粉剂 1 500～2 000 倍液喷雾防治。

2. 根结线虫病

（1）症状：主要为害根部，幼苗及移栽后的成株均可发病。受害植株表现为侧根和须根比正常植株增多，在幼嫩的须根上形成球形或不规则形瘤状物，大小随线虫寄生时间长短和数量而异，单生或串生。瘤状物初为白色，质地柔软，后呈褐色或暗褐色，表面粗糙、龟裂。受害植株多在结瓜后表现症状，地上部长势衰弱，叶片由下向上变黄、坏死，至全株萎蔫死秧。病害发生保护地重于露地，沙土常较黏土发生重。

黄瓜根结线虫病地上部植株　　　　黄瓜根结线虫病植株根部

（2）药剂防治：同茄科作物根结线虫病防治方法。

3. 细菌性角斑病

（1）症状：苗期、成株期均可受害。可为害叶片、叶柄、卷须和果实，严重时也侵染茎蔓。子叶染病初呈水渍状近圆形凹陷斑，以后呈黄褐色坏死。真叶染病初为暗绿色水渍状多角形，以后变成淡黄褐色多角形病斑，湿度高时叶背溢出乳白色浑浊水膜状菌脓，干后留下白痕，病部质脆易破裂穿孔。茎蔓、叶柄、卷须染病，在病部出现水渍状小点，沿茎沟纵向扩展呈短条状，湿度高时溢出菌脓，严重时，纵向开裂呈水渍状腐烂，干燥时，茎蔓变褐干枯，表层留下白痕。瓜条染病呈现水渍状小斑，以后扩展成不规则形或连片，在病部溢出大量污白色菌脓，病菌侵入种子致种子带菌。在降雨多、光照少、大水漫灌、地势低洼、排水不良、昼夜温差大及结露时间长的条件下，发病严重。

黄瓜角斑病病叶正面　　　　　　黄瓜角斑病病斑破裂

（2）药剂防治：可选用47%春雷霉素·王铜可湿性粉剂600～800倍液、72%农用链霉素可溶性粉剂4 000～5 000倍液、33.5%喹啉铜悬浮剂3 000～4 000倍液、20%噻菌铜悬浮剂500～600倍液喷雾防治。

4. 霜霉病

（1）症状：此病全生育期都可发生，主要为害叶片。子叶染病后初呈褪绿黄斑，扩大后呈黄褐色。真叶染病叶缘或叶背面出现水渍状病斑，逐渐扩大受叶脉限制呈多角形淡黄褐色或黄褐色斑块，湿度高时叶背面或叶面均长出灰黑色霉层，即病菌的孢囊梗和孢子囊。后期病斑连片致叶缘卷缩干枯，严重时植株一片枯黄。天气忽冷忽热、昼夜温差大、结露时间长、多阴雨、光照少的天气以及地势低洼、浇水过多、种植过密的地块，均有利该病的发生和流行。

黄瓜霜霉病病叶正面　　　　　　　　黄瓜霜霉病田间为害

甜瓜霜霉病病叶背面

（2）药剂防治：可选用 72% 霜脲·锰锌可湿性粉剂 600 ～ 800 倍液、60% 唑醚·代森联水分散粒剂 1 500 ～ 2 500 倍液、52.5% 噁唑菌酮·霜脲氰水分散粒剂 3 500 ～ 4 500 倍液、72.2% 霜霉威盐酸盐水剂 600 ～ 800 倍液喷雾防治。保护地也可选用 45% 百菌清烟剂 0.5 千克 / 亩熏烟防治。

5. 炭疽病

（1）症状：从幼苗到成株皆可发病，幼苗发病，多在子叶边缘出现半椭圆形淡褐色病斑，上有橙黄色点状胶质物；成叶染病，病斑近圆形，直径 4 ～ 18 毫米，灰褐色至红褐色，严重时，叶片干枯；茎蔓与叶柄染病，病斑椭圆形或长圆形，黄褐色，稍凹陷，严重时病斑连接，绕茎一周，植株枯死；瓜条染病，病斑近圆形，初为淡绿色，后成黄褐色，病斑稍凹陷，表面有粉红色黏稠物，后期开裂。

西瓜炭疽病病叶　　　　　　黄瓜炭疽病后期

（2）药剂防治：可选用 70% 甲基硫菌灵可湿性粉剂 600 倍液、60% 苯醚甲环唑水分散粒剂 6 000 ～ 8 000 倍液，或 60% 唑醚·代森联水分散粒剂 600 ～ 1 000 倍液喷雾防治。

6. 枯萎病

（1）症状：多在开花结瓜后陆续发病，病株初期表现为中下部叶片或植株一侧叶片褪绿，中午萎蔫下垂，早晚恢复，似缺水状，以后萎蔫叶片不断增多至逐渐遍及全株，最后整株枯死。茎蔓发病，在主蔓基部一侧形成长条形凹陷斑，湿度高时病茎纵裂，其上产生白色至粉红色霉层，剖茎可见维管束变褐，有时病部可溢出少许琥珀色胶质物。天气闷热潮湿，长期连作，管理粗放，施肥伤根等利于发病。

甜瓜枯萎病　　　　黄瓜枯萎病病（上）健（下）维管束比较

（2）药剂防治：可选用 0.5% 小檗碱水剂 500 倍液、70% 甲基硫菌灵可湿性粉剂 400 ～ 500 倍液、60% 唑醚·代森联水分散粒剂 600 ～ 1 000 倍液喷雾或灌根。

7. 蔓枯病

（1）症状：全生育期均可发生，叶片、叶柄、茎蔓、瓜果均可受害，主要为害叶片和茎蔓。叶片病斑为近圆形或不规则形，或由叶缘向内发展呈"V"形或半圆形，茎蔓发病多在茎基和茎节附近，有时流出琥珀色或乳白色至红褐色胶状物，病茎纵裂呈乱麻状，维管束不变色；病部产生明显的小黑点。种子可带菌传播，条件适宜时病菌从气孔、水孔或伤口侵入引起发病，通过浇水、气流传播。

黄瓜蔓枯病病茎

（2）药剂防治：可选用 80% 代森锰锌可湿性粉剂 600 倍液、50% 异菌脲可湿性粉剂 800 ～ 1 000 倍液、70% 甲基硫菌灵可湿性粉剂 600 倍液喷雾或灌根。

8. 黄瓜绿斑驳花叶病毒病

（1）症状：黄瓜绿斑驳花叶病毒病分绿斑花叶和黄斑花叶两种类型。绿斑花叶型苗期染病幼苗顶尖部的 2 ～ 3 片叶子现亮绿或暗绿色斑驳，叶片较平，产生暗绿色斑驳的病部隆起，新叶浓绿，后期叶脉透明化，叶片变小，引起植株矮化，叶片斑驳扭曲，呈系统性传染。瓜条染病现浓绿色花斑，有的也产生瘤状物，致果实成为畸形瓜，影响商品价值，严重的减产 25% 左右。黄斑花叶型其症状与绿斑花叶型相近，但叶片上产生淡黄色星状疱斑，老叶近白色。土壤黏重、偏酸，多年重茬，土壤积累病菌多的易发病。氮肥施用太多、生长过嫩、播种过密、株行间郁闭，抗性降低的易发病。肥力不足、耕作粗放、杂草丛生的田块易发病。种子带菌或用易感病种子易发病。

黄瓜病叶　　　　　　　　　西瓜病叶

（2）药剂防治：可选用 20% 盐酸吗啉胍·铜可湿性粉剂 400 ～ 500 倍液、6% 寡糖·链蛋白可湿性粉剂 600 ～ 800 倍液、

40% 烯羟吗啉胍可溶性粉剂 1 000 ～ 1 500 倍液、0.5% 菇类蛋白多糖水剂 200 ～ 300 倍液喷雾防治。

9. 烟粉虱 / 温室白粉虱

（1）为害特点：此虫为黄瓜上常见害虫，成虫和若虫吸食植物汁液，被害叶片褪绿、变黄、萎蔫，除直接为害外，还可造成煤污病。粉虱成虫活动最适温度 25 ～ 30℃。在生产温室条件下，一年可发生 10 余代，约 1 个月完成一代，冬季在室外不能存活，因此，冬季温室作物上的粉虱是露地蔬菜上的虫源，由春季至秋季持续发展，夏季高温多雨抑制作用不明显，到秋季数量达高峰。由于温室、大棚和露地蔬菜生产紧密衔接和相互交替，使粉虱周年发生，防治困难。

烟粉虱为害黄瓜

（2）药剂防治：同茄科作物烟粉虱的防治方法。

10. 潜叶蝇

（1）为害特点：主要以幼虫钻食叶肉组织，在叶片上形成由细变宽的蛇形弯曲隧道，多为白色，有的后期变为铁锈色，发生严重时叶片在很短时间内就被钻花干枯，至叶片坏死，严重影响植株的光合作用。温室可全年发生，大棚在初夏和秋季形成 2 个发生高峰期，露地 7 ～ 9 月为发生高峰期。

潜叶蝇为害状

（2）药剂防治：同茄科作物潜叶蝇防治方法。

11. 瓜　蚜

（1）为害特点：瓜蚜以成虫和若虫在瓜菜叶片背面和幼嫩组织上吸食作物汁液。瓜苗嫩叶和生长点受害后，叶片卷缩，瓜苗萎蔫，严重时导致植株枯死。老叶受害时，可使叶片提前老化枯死，缩短结瓜期或影响幼瓜生长，造成减产。除直接为害外，瓜蚜还可传播病毒病，造成进一步的为害和损失。

黄瓜蚜虫

（2）药剂防治：可选用 10% 吡虫啉可湿性粉剂 1 000～1 500 倍液、0.38% 苦参印楝素 500～7 50 倍液、20% 吡虫啉浓可溶剂 4 000 倍液、5% 桉油精乳油 600～800 倍液对水喷雾。

12. 蓟　马

（1）为害特点：以成虫和若虫锉吸瓜菜的嫩梢、嫩叶、花和果的汁液，使被害组织老化坏死，枝叶僵缩，植株生长缓慢，幼瓜表皮硬化变褐或开裂，严重影响产量与质量。

蓟马为害黄瓜叶片

（2）药剂防治：瓜菜生长期可选用 1.8% 阿维菌素乳油 3 000～4 000 倍液，10% 吡虫啉可湿性粉剂 2 500 倍液、60 克／升乙基多杀菌素 1 500 倍液、48% 毒死蜱乳油 1 500 倍液对水喷雾防治。

五、菊科蔬菜病虫害

1. 霜霉病

（1）症状：此病从幼苗到成株期均可发病，以成株期受害较重，主要为害叶片，由下部叶片向上发展。发病初期叶片正面产生浅黄色近圆形至多角形斑，空气潮湿时叶背面产生霜状霉层，有时可蔓延到叶面，后期病斑呈黄褐色连片枯死。田间种植过密、空气湿度大、夜间结露时间长、春末夏初或者秋季连续阴雨天易发病。

生菜霜霉病病叶正面　　　生菜霜霉病病叶背面　　　莴笋霜霉病病叶

（2）药剂防治：同葫芦科蔬菜霜霉病防治方法。

2. 灰霉病

（1）症状：此病从根茎或下部叶片开始发生。引起叶面萎蔫或枯黄，最后腐烂。根茎受害初期呈水渍状，迅速扩展，使根茎腐烂，病部产生灰色霉层。病菌从叶缘侵染时，病斑呈弧形，初为水渍状，逐渐扩大呈黄褐色，有明显轮纹，上生灰霉。植株叶面有水滴、管理造成的伤口、生长衰弱容易感病。在冬季温室和春秋各种保护地生产发病较多。

生菜灰霉病病斑　　　　　　　　　　生菜灰霉病霉层

（2）药剂防治：同茄科蔬菜灰霉病防治方法。

3. 菌核病

（1）症状：该病主要为害茎基部。最初病部为黄褐色水渍状，逐渐扩展至整个茎部发病，引起烂帮和烂叶。保护地湿度偏高时，在病部会产生浓密白色絮状菌丝，后期转变成黑色鼠粪状菌核。菌核病属于土传病害，病菌以菌丝体残留在土壤中越冬，病菌先侵染植株根茎部或基部叶片，受害病叶与相邻植株接触即可传染。保护地1～3月、11～12月发生重。

 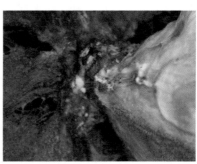

生菜菌核病病株　　　　　　　　　　生菜茎部白色菌丝及菌核

（2）药剂防治：同茄科作物菌核病防治方法。

4. 软腐病

（1）症状：此病常在生菜生长中后期或者结球期发生，多从植株基部伤口处感染。初期呈半透明状，以后病部扩展呈不规则斑，水渍状并有浅灰色黏稠物，有恶臭气味，随病情发展病害沿基部向上扩展，使菜球腐烂。地势低洼、排水不良的地块、田间水肥管理不当、害虫数量多或因农事操作等造成的伤口多时发病严重。

（2）药剂防治：同葫芦科细菌性角斑病防治方法。

5. 潜叶蝇

（1）为害特点：主要以幼虫钻食叶肉组织，在叶片上形成蛇形弯曲隧道，多为白色，发生严重时叶片在很短时间内就被钻花，导致叶片呈枯白色，严重影响植株的光合作用。

潜叶蝇为害状　　　　　　　　　　潜叶蝇潜道内化蛹

（2）药剂防治：同茄科作物潜叶蝇防治方法。

6. 甜菜夜蛾

（1）为害特点：以幼虫为害，初孵幼虫群集叶背，吐丝结网，在网内取食叶肉，留下表皮。三龄后将叶片吃成孔洞或缺刻，严重时将叶片食成网状，可钻蛀蔬菜的球茎。在露地秋茬作物上为害严重。

（2）形态特征：是一种世界性分布、间歇性大发生的以为害蔬菜为主的杂食性害虫。① 成虫。体长 10 ～ 14 毫米，翅展 25 ～ 34 毫米，体灰褐色。前翅中央近前缘外方有肾形斑 1 个，内方有圆形斑 1 个，后翅银白色。② 卵。圆馒头形，

甜菜夜蛾为害生菜

白色，表面有放射状的隆起线。③ 幼虫。体长约 22 毫米。体色变化很大，有绿色、暗绿色至黑褐色。腹部体侧气门下线为明显的黄白色纵带，有的带粉红色，带的末端直达腹部末端，不弯到臀足上去。④ 蛹。体长 10 毫米左右，黄褐色。

（3）药剂防治：可选用 2.2% 甲氨基阿维菌素苯甲酸盐微乳剂 2 500 ～ 3 000 倍液、25 克 / 升多杀霉素悬浮剂 1 000 倍液、或 25% 灭幼脲悬浮剂 500 ～ 1 000 倍液对水喷雾。

六、葱蒜类病虫害

1. 霜霉病

（1）症状：此病主要为害叶片，叶片染病，初生黄白色至灰绿色病斑，近椭圆形至纺锤形，边缘模糊。空气干燥病斑呈苍白绿色，长椭圆形至不规则形，严重时波及上半叶，致植株黄化枯死。湿度高时病部产生较稀疏白色至灰紫色霉层。花梗染病亦产生近长椭圆形病斑，易从病部折断枯死。

（2）药剂防治：同葫芦科蔬菜霜霉病防治方法。

霜霉病为害葱叶

2. 锈 病

（1）主要为害作物：该病在葱、蒜、韭类蔬菜上均有发生。

锈病为害葱叶

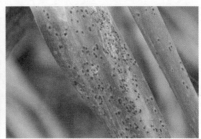

锈病为害蒜叶

（2）症状：主要发生在叶片上，也有在叶鞘上发生。发病初期叶片上出现零星白色突出的小泡点，后发展成圆形、椭圆形或梭形小斑。后期颜色由白转黄，表皮开裂，裂开的表皮下有橙黄色粉末。严重时叶片上布满病斑，破裂后会留下疤痕，造成水分大量耗损，腐生菌侵入，不久后会枯死或者腐烂。

（3）药剂防治：可选用10%苯醚甲环唑可湿性粉剂2 000～3 000倍液、30%氟菌唑可湿性粉剂4 000～6 000倍液、15%三唑酮可湿性粉剂1 500倍液对水喷雾。

3. 紫斑病

（1）主要为害作物：该病在葱、蒜、韭上均有发生。

（2）症状：主要侵害叶和花梗。发病初期呈水浸状白色斑点，病斑迅速扩大形成纺锤形的凹陷斑，先为淡褐色，随后变为褐色至青紫色，周围具有黄色晕圈。此后有的逐渐褪色并形成同心轮纹，湿度大时斑面上产生黑褐色煤粉状霉。如果病斑围绕叶或花梗扩大，可使之从病斑处折断。

紫斑病为害葱叶

紫斑病为害蒜叶

（3）药剂防治：可选用50%异菌脲可湿性粉剂1 500倍液、

80% 代森锰锌可湿性粉剂 800 倍液、10% 苯醚甲环唑可湿性粉剂 5 000 ～ 6 000 倍液对水喷雾。

4. 叶枯病

（1）主要为害作物：该病在葱、蒜、韭类蔬菜上均有发生。

（2）症状：主要为害叶和花梗。为害病叶多从下部叶片叶尖开始发病扩展。病斑初为白色小圆点，扩大后呈不规则形或椭圆形，为灰白色或灰褐

叶枯病为害蒜叶

色，病部生黑色霉状物，严重时病叶枯死。花梗受害易从病部折断，最后病部散生许多黑色小粒点。受害植株前期长势弱，后期矮黄萎缩。大蒜发病会造成迟抽薹或不抽薹。

（3）药剂防治：同紫斑病防治方法。

5. 灰霉病

（1）主要为害作物：该病在葱、蒜、韭类蔬菜上均有发生。

灰霉病为害大葱

灰霉病为害韭叶

（2）症状：此病主要为害叶片，初在叶片中上部产生灰白色小点，以后发展呈白色坏死斑，椭圆至近梭形，多个病斑逐渐连接成片至扭曲枯死。韭、蒜类多从叶尖开始发病。潮湿时枯叶上生大量灰色的霉层，多由叶尖向下发展致叶尖枯死，严重时植株成片枯死。空气干燥时，多造成植株干尖。

（3）药剂防治：同茄科蔬菜灰霉病防治方法。

6. 潜叶蝇

（1）为害特点：雌成虫先于产卵器在叶片上刺孔，然后通过刺孔取食。取食孔呈白色圆形斑点或圆形刻点，多沿叶片纵向排列整齐，也有分散的。当成虫发生量大时，叶片上布满密密麻麻的取食孔。成

潜叶蝇为害大葱

虫产卵孔与取食孔明显不同，呈细长椭圆形，多数十几粒呈双列倒"八"字形排列在叶片上。幼虫潜食叶肉组织，形成潜道。

（2）药剂防治：同茄科蔬菜潜叶蝇防治方法。

7. 蓟　马

（1）为害特点：被害叶面形成密集小白点或长条形斑纹，严重时葱叶扭曲枯黄，大蒜嫩叶受害新根停止生长。

（2）药剂防治：同葫芦科蔬菜蓟马防治方法。

蓟马为害葱叶

8. 根　蛆

（1）为害特点：钻入种子或幼苗茎里为害，或在根茎内由下向上蛀食，使整株死亡，造成缺苗断垄。

根蛆为害韭菜

（2）药剂防治：可选用50% 辛硫磷乳油 250 毫升 / 亩、48% 毒死蜱乳油 40 毫升 / 亩，加沙土 20 ～ 30 千克拌匀撒施，或直接撒施 3% 辛硫磷颗粒剂 5 千克 / 亩，然后浇水。

七、十字花科蔬菜病虫害

1. 霜霉病

（1）症状：苗期至成株期均可发病。主要为害叶片，从外叶开始侵染，发病初期在叶面上产生黄绿色斑点，后扩大呈多角形或不规则形病斑，空气湿度大时，叶背密生白色霜状霉，随病情发展病斑多时相互连接成片，致使叶片变黄枯死。

大白菜霜霉病病叶正面

大白菜霜霉病病叶背面

（2）药剂防治：同葫芦科蔬菜霜霉病防治方法。

2. 软腐病

（1）症状：一般多由叶柄基部伤口处侵染，病部出现水渍状淡灰褐色病斑，严重时沿叶柄基部向根部发展，造成根部腐烂，流出黏液，散发出臭味，成为该病的主要特征，别

大白菜软腐病病株

于黑腐病。

（2）药剂防治：同葫芦科蔬菜细菌性角斑病防治方法。

3. 细菌性角斑病

（1）症状：此病主要为害叶片，初于叶背出现水浸状稍凹陷的斑点，扩大后呈不规则形膜质角斑，病斑大小不等，叶面病斑呈灰褐色油浸状，湿度大时叶背病斑上溢出污白色菌脓，干燥时，病部易干，质脆，开裂或穿孔，残留叶脉。

大白菜细菌性角斑病病叶正面　　　　大白菜细菌性角斑病病叶背面

（2）药剂防治：同葫芦科蔬菜细菌性角斑病防治方法。

4. 黑腐病

（1）症状：全生育期均可染病，幼苗出土后染病，子叶呈水浸状，根髓部变黑，幼苗枯死。成株染病，引起叶斑或黑脉，叶斑多从叶缘向内扩展，形成"V"字形黄褐色枯斑。叶帮染病病菌沿维管束向

大白菜黑腐病病叶

上扩展，呈淡褐色，造成部分菜帮干腐，与软腐病并发时，致茎或茎基部腐烂，严重时植株萎蔫或倾倒。该病腐烂不臭，别于软腐病。

（2）药剂防治：同葫芦科蔬菜细菌性角斑病防治方法。

5. 黑斑病

（1）症状：黑斑病主要为害叶片、叶柄。叶片染病最初为近圆形的褪绿斑，扩大后边缘呈淡绿色至浅黄褐色，有时病斑周围具有黄色晕圈，多具有明显的同心轮纹，严重时多个病斑汇合成大斑，致半个或整个叶片枯死，最后整株叶片

大白菜黑斑病病叶

由外向内干枯。叶帮上病斑呈椭圆形或长棱形、暗褐色凹陷。

（2）药剂防治：可选用50%异菌脲可湿性粉剂1 000倍液、70%代森锰锌可湿性粉剂500倍液、72%霜脲·锰锌可湿性粉剂600倍液喷雾防治。

6. 蚜 虫

（1）为害特点：以成虫和若虫在叶片背面和幼嫩组织上吸食作物汁液。嫩叶和生长点受害后，叶片皱缩。除直接为害外，蚜虫还可传播病毒病，引起煤污病。

（2）形态特征：为害白菜的蚜虫主要有桃蚜和萝卜蚜。①桃蚜。无翅雌蚜体长2.6毫米，宽1.1毫米，体绿色，有时为黄色至红色，头部色深，体表粗糙，背中域光滑，第七、第八腹节有网

纹。有翅雌蚜体长约 2 毫米，
头部和胸部均为黑色，腹部淡
色，背面有淡黑色斑，额瘤
明显，向内倾斜。② 萝卜蚜。
无翅雌蚜体长 2.3 毫米，宽 1.3
毫米，绿色至黑绿色，被薄
粉，表皮粗糙，有菱形网纹。

蚜虫为害状

有翅雌蚜体长 1.6 ～ 1.8 毫米，头部和胸部均为黑色，腹部绿色，
腹管前两侧具黑斑，额瘤不明显。

（3）药剂防治：同葫芦科蔬菜蚜虫防治方法。

7. 菜青虫

（1）形态特征：菜青虫的成虫是菜粉蝶，幼虫称菜青虫。成虫
体长 12 ～ 20 毫米，翅展 45 ～ 55 毫米，体灰黑色，翅白色，雌蝶
前翅有 2 个显著的黑色圆斑，雄蝶仅有一个显著的黑斑。卵瓶状，
高约 1 毫米，宽约 0.4 毫米，初产卵乳白色，后变橙黄色。幼虫体
青绿色，背线淡黄色，体表密布细小黑色毛瘤。

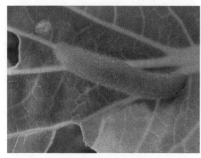

菜青虫幼虫及其为害状

菜青虫蛹

（2）药剂防治：可选用 32 000 国际单位 / 毫升苏云金杆菌可湿

性粉剂 3 000 ～ 5 000 倍液、25% 灭幼脲悬浮剂 500 ～ 1 000 倍液、25 克/升多杀霉素悬浮剂 1 000 ～ 1 500 倍液、2.2% 甲氨基阿维菌素苯甲酸盐微乳剂 2 500 ～ 3 000 倍液对水喷雾。

8. 小菜蛾

（1）形态特征：成虫体长约 6 毫米，灰褐色或黄褐色，翅展 12 ～ 15 毫米，翅后缘从翅基到外缘有呈三度曲波状黄褐色带。卵扁平，椭圆状，约 0.5 毫米 ×0.3 毫米，黄绿色。幼虫体长 10 ～ 12 毫米，两头

灯下小菜蛾成虫

尖，纺锤形，活泼好动，具吐丝下垂习性，俗称"吊丝虫"。

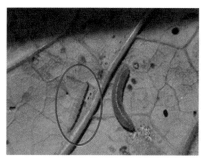

小菜蛾幼虫

小菜蛾茧

（2）药剂防治：可选用 2.2% 甲氨基阿维菌素苯甲酸盐微乳剂 2 500 ～ 3 000 倍液、10% 虫螨腈悬浮剂 1 500 倍液、25 克/升多杀霉素悬浮剂 1 000 ～ 1 500 倍液喷雾防治。

八、豆类蔬菜病虫害

1. 锈 病

（1）症状：在叶片正、背面初生淡黄色小斑点，稍有隆起，渐扩大，出现黄褐色的夏孢子堆。表皮破裂后，散出锈褐色粉末，即夏孢子。有时在夏孢子堆的四周，产生许多新的夏孢子堆围成一圈，发病重的叶子，满布锈疱状病斑，使全叶遍布锈粉。夏孢子堆一般多发生在叶片背面，正面对应部位形成褪绿斑点。后期，夏孢子堆转为黑色的冬孢子堆，或者在叶片上长出冬孢子堆。不久冬孢子堆中央纵裂，露出黑色的粉状物，即冬孢子。茎部受害产生的孢子堆较大，呈纺锤形。发病重时，易使茎、叶早枯。

豇豆锈病叶正面

大豆锈病叶背面

（2）药剂防治：同葱蒜类蔬菜锈病防治方法。

2. 炭疽病

（1）症状：炭疽病也是豆类常见而重要的一个病害。通常以菜豆、豇豆和菜用大豆较易受害，从小苗至收获期均可发生，子叶、子茎、叶片、叶柄、茎蔓、荚果及种子皆可受害。病菌侵染，子叶上病斑呈圆形，红褐色至黑褐色，凹陷；苗期茎上病斑为褐色或红锈色，细条形，凹陷和龟裂。成株叶片上病斑主要发生于叶脉上，呈多角形，红褐色至黑褐色；成株

豆类炭疽病为害状

茎上病斑与苗期茎上的相似；荚上病斑呈长椭圆形或近圆形，褐色至黑褐色，边缘常隆起，中央部凹陷，潮湿时各患部斑面上出现朱红色小点或小黑点。

（2）药剂防治：60% 苯醚甲环唑水分散粒剂 6 000 ～ 8 000 倍液、60% 唑醚·代森联水分散粒剂 1 000 ～ 2 000 倍液、50% 硫黄·甲硫灵 400 ～ 800 倍液对水喷雾。

3. 叶斑病

（1）症状：叶斑病常见的有煤斑病 (赤斑病)、褐缘白斑病 (斑点病)、灰褐斑病和褐轮斑病 4 种，其中以煤斑病发生较多。煤斑病是在叶面初生赤褐色小斑，后扩展成近圆形或不规则形，无明显界限的病斑，大小约 1 ～ 2 厘米，有

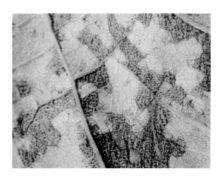

豆类叶斑病病叶背面

时汇合成大斑。褐缘白斑的病斑穿透叶的表面、斑点较小，圆形或不规则形，周缘赤褐色，微凸，中部褐色，后转为灰褐色至灰白

色。灰褐斑病、褐轮纹斑病与褐缘白斑病的病斑有明显的同心轮纹。以上4种叶斑病的病斑背面均生有灰黑色的霉状物，其中，以煤斑病产生的霉状物较多较浓密，其他的叶斑病产生的霉状物则较少较稀。

（2）药剂防治：可选用25%咪鲜胺乳油3 000～4 000倍液喷雾。

4. 根腐病

（1）症状：此病为害根系和根茎部。初在主根或侧生根上产生红褐色水渍状斑，逐渐向上下发展使根系坏死，以后变褐腐烂，并向根茎发展，终致根茎坏死腐烂。

架豆根腐病

（2）药剂防治：可选用50%多菌灵可湿性粉剂500倍液、25%丙环唑乳油2 000倍液、1×10^6个孢子／克的寡雄腐霉3 000倍液进行灌根处理。

5. 病毒病

（1）症状：病毒病是为害较大的一类传染性病害。豆类病毒病的症状依每一种豆类感染的病毒病不同而各有特点。如多种豆类的花叶病，叶片表现明脉、浓绿与淡绿相间的斑驳花叶、叶片畸形皱缩、叶片

豆类病毒病病叶

变小。又如，豇豆丛枝病，除叶片变小，叶面皱缩、卷曲外，其最大特点是叶腋簇生多条不定枝而表现为丛枝状，豆荚短而卷曲，尾端尖细如鼠尾状。上述豆类病毒病症状的共同点是病株矮小，开花迟缓或易落花，或不开花结荚，荚果少而小，畸形或变色。病株荚果产量和质量都大为降低，经济损失明显。

（2）药剂防治：同番茄黄化曲叶病毒病防治方法。可通过防控蚜虫、蓟马、粉虱等传毒介体进行预防。

6. 蚜　虫

（1）为害特点：豆蚜成虫和若虫刺吸嫩叶、嫩茎、花及豆荚的汁液，使叶片卷缩发黄，嫩荚萎缩，影响生长发育，造成减产。其常常引起煤污病、病毒病等间接为害。

（2）药剂防治：同葫芦科蔬菜蚜虫防治方法。

豆蚜为害状

7. 豆荚螟

（1）为害特点：幼虫蛀荚，取食豆粒，严重影响产量和质量。

（2）形态特征：① 成虫。成虫体长 10～12 毫米，翅展 20～24 毫米，体灰褐色或暗黄褐色。前翅狭长，沿前缘有一条白色纵带，近翅基 1/3 处有一条金黄色宽横带。后翅黄白色，沿外缘褐色。② 卵。卵椭圆形，长约 0.5 毫米，表面密布不明显的网纹，初产时乳白色，渐变红色，孵化前呈浅菊黄色。③ 幼虫。幼虫共 5 龄，老熟幼虫体长 14～18 毫米，初孵幼虫为淡黄色。以后为灰绿直至紫红色。4～5龄幼虫前胸背板近前缘中央有"人"字形黑斑，两侧各有1个黑斑，后缘中央有2个小黑斑。蛹。体长9～10毫米，黄褐色，臀刺6根，蛹外包有白色丝质的椭圆形茧。

豆荚螟为害花与荚

（3）药剂防治：可选用10%溴虫氰酰胺可分散油悬浮剂6 000倍液、10%氯氰·敌敌畏乳油6 000～8 000倍液、200克/升氯虫苯甲酰胺悬浮剂8 000倍液喷雾。

8. 螨 类

（1）为害特点：若螨、成螨在叶背面吸食汁液，致叶片出现褪绿斑点，逐渐变成灰白色斑和红色斑。严重时叶片枯焦脱落，田块如火烧状，造成植株早衰，缩短结果期，降低产量和品质。

（2）药剂防治：可选用1.8%阿维菌素乳油2 500～3 000倍液、0.5%藜芦碱可溶性液剂3 000倍液、43%联苯肼酯悬浮剂2 000～3 000倍液喷雾。

9. 蓟 马

（1）为害特点：成虫和若虫为害蔬菜花器，影响开花结实，也为害幼苗、嫩叶和嫩荚。严重时显著降低产量和质量。

（2）药剂防治：同葫芦科蔬菜蓟马防治方法。

豆类蓟马为害状

九、草莓病虫害

1. 灰霉病

（1）症状：主要为害花、叶和果实，也侵害叶柄。发病多从花期开始，病菌最初从将开败的花或较衰弱的部位侵染，使花呈浅褐色坏死腐烂，产生灰色霉层。叶多从基部老黄叶边缘侵入，形成"V"字形黄褐色斑，或沿花瓣掉落的部位侵染，形成近圆形坏死斑，其上有不甚明显的轮纹，上生较稀疏灰霉。果实染病多从残留的花瓣或接触地面的部位开始，也可从早期与病残组织接触的部位侵入，初呈水渍状灰褐色坏死，随后颜色变深，果实腐烂，表面产生浓密的灰色霉层。叶柄发病，呈浅褐色坏死、干缩，其上产生稀疏灰霉。

草莓灰霉病病果

草莓灰霉病病叶

（2）药剂防治：同茄科蔬菜灰霉病防治方法。

2. 白粉病

（1）症状：白粉病是草莓重要病害之一，整个生长季节均可发生。主要为害叶、叶柄、花、花梗和果实，匍匐茎上很少发生。叶片染病，在叶两面产生白色粉状斑，随病害发展病斑上形成白色粉末状物，发生严重时多个病斑连接成片导致叶片卷曲坏死。花蕾、花染病，花瓣呈粉红色，花蕾不能开放。果实染病，幼果不能正常膨大，干

草莓白粉病病果

枯，若后期受害，果面覆有一层白粉，随着病情加重，果实失去光泽并硬化，着色变差。

草莓白粉病病花

草莓白粉病病叶

（2）药剂防治：同葫芦科蔬菜白粉病防治方法。

3. 根腐病

（1）症状：此病主要为害根部。从侧生根和新生根开始，初期出现浅红褐色的斑块，随后颜色逐渐变深呈暗褐色，随病害发展全部根系迅速坏死变褐，地上部叶片变黄或萎蔫，病株表现缺水状，最后

草莓根腐病为害状

全株枯死。

草莓根腐病健株（左）、病株（右）　　　草莓根腐病田间为害状
根部横切面

（2）药剂防治：可在定植前进行土壤处理，可选用20%辣根素水乳剂每亩5升进行滴灌，覆地膜密闭2～3天，之后揭膜放风24小时以上即可定植；或者在草莓定植缓苗后用寡雄腐霉3 000倍液进行灌根处理。

4. 炭疽病

（1）症状：草莓炭疽病主要发生在育苗期（匍匐茎抽生期）和定植初期，结果期很少发生。其主要为害匍匐茎、叶柄、叶片、托叶、花瓣、花萼和果实。染病后的明显特征是草莓株叶受害可造成局部病斑

炭疽病为害草莓叶柄

和全株萎蔫枯死。匍匐茎、叶柄、叶片染病，初始产生直径3～7毫米的黑色纺锤形或椭圆形溃疡状病斑，稍凹陷；当匍匐茎和叶柄上的病斑扩展成为环形圈时，病斑以上部分萎蔫枯死，湿度高时病部可见肉红色黏质孢子堆。该病除引起局部病斑外，还易导致感病

品种尤其是草莓秧苗成片萎蔫枯死；当母株叶基和短缩茎部位发病，初始 1～2 片展开叶失水下垂，傍晚或阴天恢复正常，随着病情加重，则全株枯死。虽然不出现心叶矮化和黄化症状，但若取枯死病株根冠部横切面观察，可见自外向内发生褐变，而维管束未变色。浆果受害，产生近圆形病斑，淡褐至暗褐色，软腐状并凹陷，后期也可长出肉红色黏质孢子堆。

（2）药剂防治：同葫芦科蔬菜炭疽病防治方法。

5. 螨　类

（1）为害特点：以若虫和成虫在草莓叶的背面吸食汁液，使叶片局部形成灰白色小点，随后逐步扩展，形成斑驳状花纹，为害严重时，使叶片成锈色干枯，似火烧状，植株生长受抑制，造成严重减产。二斑叶螨和朱砂叶螨以雌成虫在土中越冬，翌年春季产卵，孵化后开始活动为害，气温达 10℃以上时开始大量繁殖，高温干燥，易大发生。温度达 30℃以上和相对湿度超过 70% 时，不利其繁殖，暴雨有抑制作用。叶螨成虫无翅膀，靠调运种苗、农具及农事操作等途径传播扩散。一般冬季零星轻发生，开春后气温升高，发生普遍，为害严重。

螨类结网为害　　　　　　　　　　螨类田间为害状

（2）形态特征：为害草莓的螨类有多种，其中，以二斑叶螨和朱砂叶螨为害严重。二斑叶螨成螨污白色，体背两侧各有一个明显的深褐色斑，幼螨和若螨也为污白色，越冬型成螨体色变为浅橘黄色。朱砂叶螨成螨为深红色或锈红色，体背两侧也各有一个黑斑。

（3）药剂防治：同豆科蔬菜螨类防治方法。

6. 蚜 虫

（1）为害特点：在保护地栽培中，蚜虫以成虫在草莓植株的茎和老叶下越冬，条件适宜可全年为害，其中以初夏和初秋为害最严重。在露地栽培条件下，蚜虫以卵在多种植物上越冬，翌年 4 ～ 5 月间当草莓抽蕾开花期多在幼叶、花、心叶和叶背活动吸取汁液，受害后的叶片卷缩、扭曲变形，使草莓生长受到抑制。更严重的是蚜虫还可传播病毒病。

蚜虫为害叶柄　　　　　　　　蚜虫为害花萼

（2）形态特征：蚜虫俗称腻虫。为害草莓的蚜虫有多种，主要是棉蚜和桃蚜。棉蚜分无翅胎生和有翅胎生。无翅胎生雌蚜体长 1.5 ～ 1.9 毫米，夏季多为黄绿色，春季为深绿色、棕色或黑色，腹管短，圆筒形，基部较宽；有翅胎生雌蚜体长 1.2 ～ 1.9 毫米，黄色、浅绿色或深绿色，腹管黑色，圆筒形，基部也较宽。桃蚜亦分无翅胎生和有翅胎生，无翅胎生雌蚜，体长 1.4～2.0 毫米，头胸部黑色，腹部细长，为绿色或黄绿色、红褐色；有翅胎生雌蚜，体长 1.6～2.1 毫米，头胸部黑色，翅脉淡黄色，腹部颜色随寄主而变，有绿色、黄绿色和赤褐色等。

（3）药剂防治：同葫芦科蔬菜蚜虫防治方法，在防控过程中，注意保护蜜蜂。

7. 蜗　牛

（1）为害特点：为害特点用齿舌舐食嫩叶、嫩茎及草莓果实。

（2）形态特征：成虫体形与颜色多变，扁球形，壳高 12 毫米，宽 16 毫米，具 5～6 个螺层，顶部螺层增长稍慢，略膨胀，螺旋部低矮，体部螺

蜗牛为害草莓状

层生长迅速，膨大快。贝壳壳质厚而坚实，壳顶较钝，缝合线深，壳面红褐色至黄褐色，具细致而稠密生长线。体螺层周缘及缝合线处常具暗褐色带 1 条，但有些个别见不到。壳口马蹄状，口缘锋利、轴缘向外倾遮住部分脐孔。脐孔小且深，洞穴状。卵圆球状，直径约 2 毫米，初乳白后变浅黄色，近孵化时呈土黄色，具光泽。

（3）药剂防治：可选用 6% 四聚乙醛颗粒剂 30～50 克/亩撒施。

十、食用菌病虫害

1. 细菌性褐斑病

（1）症状：病菌多从结水的部位开始侵染，在菌盖表面形成浅褐色病斑，以后颜色加深，呈暗褐色至深锈褐色，中央凹陷。随病害发展，病斑相互汇合形成褐色坏死斑块。空气干燥，病斑干枯开裂，形成不对称菌盖。菌柄染病，形成纵向病斑，菌褶通常很少发病。

（2）药剂防治：可在病区喷洒漂白粉 500～600 倍液、链霉素 5 000～8 000 倍液、47% 春雷霉素·王铜 6 000～8 000 倍液进行防控。

2. 褐腐病

（1）症状：只侵染子实体，患处褐色，以后溃烂，并渗出暗褐色液滴，有腐败臭味。

（2）药剂防治：可在清除病菇后对菇床用 2% 福尔马林、1% 漂白粉、70% 甲基硫菌灵进行消毒处理。

3. 蚊 类

（1）为害特点：幼虫咬食蘑菇的菌丝体和子实体，成虫传播杂菌，不直接为害子实体。

（2）形态特征：种类多，如缨蚊、眼蕈蚊、小菌蚊等。幼虫白色似蛆，成虫似蚊，飞行力强。

（3）药剂防治：可用 0.9% 阿维菌素乳油 1 500 ～ 2 000 倍液喷雾、5% 氟虫脲乳油 1 000 ～ 2 000 倍液、3% 啶虫脒乳油 1 000 ～ 2 000 倍液喷雾。

菇蚊成虫

4. 扁足蝇

（1）为害特点：幼虫在出菇前取食蘑菇菌丝体，影响发菌。出菇后钻蛀菇柄和菌盖，形成许多孔穴，终致菌体腐烂或萎蔫死亡。

（2）形态特征：成虫体小型，黑色或灰色，具黑斑，头大。复眼发达，常分上下两半不同颜色。触角 3 节，触角芒很长，胸和腹部只有短毛无刚毛。足胫节无端距。幼虫短粗，扁平。体多刺状突起，排列在体周围，头和前胸多弯向腹面。

（3）药剂防治：同蚊类防治方法。

5. 螨　类

（1）为害特点：直接咬食菌丝，把菌丝咬断，引致菌丝萎缩不长。也能咬食小菇蕾及成熟子实体。严重时培养料内的菌丝全被食光，造成严重损失，甚至绝产。

（2）药剂防治：同蚊类防治方法。

附录 A 国家禁限用农药名录

附表 A-1 中国禁止生产、销售和使用的 33 种农药

中文通用名	英文通用名	中文通用名	英文通用名
甲胺磷	Methamidophos	敌枯双	
甲基对硫磷	Parathion-methyl	氟乙酰胺	Fluoroacetamide
对硫磷	Parathion	甘 氟	Gliftor
久效磷	Monocrotophos	毒鼠强	Tetramine
磷 胺	Phosphamidon	氟乙酸钠	Sodium fluoroacetate
六六六	BHC	毒鼠硅	Silatrane
滴滴涕	DDT	苯线磷 *	Fenamiphos
毒杀芬	Strobane	地虫硫磷 *	Fonofos
二溴氯丙烷	Dibromochloropropane	甲基硫环磷 *	Phosfolan-methyl
杀虫脒	Chlordimeform	磷化钙 *	Calcium phosphide
二溴乙烷	EDB	磷化镁 *	Magnesium phosphide
除草醚	Nitrofen	磷化锌 *	Zinc phosphide
艾氏剂	Aldrin	硫线磷 *	Cadusafos
狄氏剂	Dieldrin	蝇毒磷 *	Coumaphos
汞制剂	Mercury compounds	治螟磷 *	Sulfotep
砷 类	Arsenide compounds	特丁硫磷 *	Terbufos
铅 类	Plumbum compounds		

注：① 带有"*"的品种，自 2011 年 10 月 31 日停止生产，2013 年 10 月 31 日起停止
销售和使用；

② 2013 年 10 月 31 日之前禁止苯线磷、地虫硫磷、甲基硫环磷、硫线磷、蝇毒磷、
治螟磷、特丁硫磷在蔬菜、果树、茶叶、中草药材上使用；禁止特丁硫磷在甘蔗上
使用

附表 A–2 在蔬菜、果树、茶叶、中草药材上不得
使用和限制使用的 17 种农药

中文通用名	英文通用名	禁止使用作物
甲拌磷	Phorate	蔬菜、果树、茶树、中草药材
甲基异柳磷	Isofenphos-methyl	蔬菜、果树、茶树、中草药材
内吸磷	Demeton	蔬菜、果树、茶树、中草药材
克百威	Carbofuran	蔬菜、果树、茶树、中草药材
涕灭威	Aldicarb	蔬菜、果树、茶树、中草药材
灭线磷	Ethoprophos	蔬菜、果树、茶树、中草药材
硫环磷	Phosfolan	蔬菜、果树、茶树、中草药材
氯唑磷	Isazofos	蔬菜、果树、茶树、中草药材
水胺硫磷	Isocarbophos	柑橘树
灭多威	Methomyl	柑橘树、苹果树、茶树、十字花科蔬菜
硫 丹	Endosulfan	苹果树、茶树
溴甲烷	Methyl bromide	草莓、黄瓜
氧乐果	Omethoate	甘蓝、柑橘树
三氯杀螨醇	Dicofol	茶 树
氰戊菊酯	Fenvalerate	茶 树
丁酰肼	Daminozide	花 生
氟虫腈	Fitronil	除卫生用、玉米等部分旱田种子包衣剂外的其他用途

注：按照《农药管理条例》规定，任何农药产品都不得超出农药登记批准的使用范围使用

附录 B　种植业生产使用低毒低残留农药主要品种名录
（2014年农业部推荐）

附表 B-1　主要低毒低残留杀虫剂

序　号	农药品种名称	使用范围
1	多杀霉素	甘蓝，柑橘树，大白菜，茄子，节瓜
2	联苯肼酯	苹果树
3	四螨嗪	苹果树，梨树，柑橘树
4	溴螨酯	柑橘树，苹果树
5	菜青虫颗粒体病毒	十字花科蔬菜
6	茶尺蠖核型多角病毒	茶　树
7	虫酰肼	十字花科蔬菜，苹果树
8	除虫脲	小麦，甘蓝，苹果树，茶树
9	短稳杆菌	十字花科蔬菜，水稻
10	氟啶脲	甘蓝，棉花，柑橘树，萝卜
11	氟铃脲	甘蓝，棉花
12	甘蓝夜蛾核型多角体病毒	甘蓝，棉花
13	甲氧虫酰肼	甘蓝，苹果树
14	金龟子绿僵菌	苹果树，大白菜，椰树
15	矿物油	黄瓜，番茄，苹果树，梨树，柑橘树，茶树
16	螺虫乙酯	番茄，苹果树，柑橘树
17	氯虫苯甲酰胺	甘蓝，苹果树，水稻，棉花，甘蔗，花椰菜
18	棉铃虫核型多角体病毒	棉　花
19	灭蝇胺	黄瓜，菜豆
20	灭幼脲	甘　蓝
21	苜蓿银纹夜蛾核型多角体病毒	十字花科蔬菜
22	球孢白僵菌	水稻，花生，茶树，小白菜，棉花
23	杀铃脲	柑橘树，苹果树

（续表）

序　号	农药品种名称	使用范围
24	苏云金杆菌	十字花科蔬菜，梨树，柑橘树，水稻，玉米，大豆，茶树，甘薯，高粱，烟草，枣树，棉花
25	甜菜夜蛾核型多角体病毒	十字花科蔬菜
26	烯啶虫胺	柑橘树，棉花
27	斜纹夜蛾核型多角体病毒	十字花科蔬菜
28	乙基多杀菌素	甘蓝，茄子
29	印楝素	甘　蓝

注：按照登记标签标注的使用范围和注意事项使用

附表 B-2　主要低毒低残留杀菌剂（含杀线虫剂）

序　号	农药品种名称	使用范围
1	啶酰菌胺	黄瓜，草莓
2	几丁聚糖	黄瓜，番茄，水稻，小麦，玉米，大豆，棉花
3	淡紫拟青霉	番　茄
4	R- 烯唑醇	梨　树
5	氨基寡糖素	黄瓜，番茄，梨树，西瓜，水稻，玉米，白菜，烟草，棉花
6	苯醚甲环唑	黄瓜，番茄，苹果树，梨树，柑橘树，西瓜，水稻，小麦，茶树，人参，大蒜，芹菜，大白菜，荔枝树，芦笋
7	丙环唑	水稻，香蕉
8	春雷霉素	水稻，番茄
9	稻瘟灵	水　稻
10	低聚糖素	番茄，水稻，小麦，玉米，胡椒
11	地衣芽孢杆菌	黄瓜（保护地），西瓜
12	多粘类芽孢杆菌	黄瓜，番茄，辣椒，西瓜，茄子，烟草
13	噁霉灵	黄瓜（苗床），西瓜，甜菜，水稻
14	氟啶胺	辣　椒
15	氟吗啉	黄　瓜

（续表）

序　号	农药品种名称	使用范围
16	氟酰胺	水　稻
17	菇类蛋白多糖	番茄，水稻
18	寡雄腐霉菌	番茄，水稻，烟草
19	己唑醇	水稻，小麦，番茄，苹果树，梨树，葡萄
20	枯草芽孢杆菌	黄瓜，辣椒，草莓，水稻，棉花，马铃薯，三七
21	喹啉酮	苹果树
22	蜡质芽孢杆菌	番茄，小麦，水稻
23	咪鲜胺	黄瓜，辣椒，苹果树，柑橘，葡萄，西瓜，香蕉，荔枝，龙眼
24	咪鲜胺锰盐	黄瓜，辣椒，苹果树，柑橘，葡萄，西瓜
25	嘧菌酯	葡　萄
26	木霉菌	黄瓜，番茄，小麦
27	宁南霉素	水稻，苹果树
28	葡聚烯糖	番　茄
29	噻呋酰胺	水稻，马铃薯
30	噻菌灵	苹果树，柑橘，香蕉
31	三乙膦酸铝	黄　瓜
32	三唑醇	水稻，小麦，香蕉
33	三唑酮	水稻，小麦
34	戊菌唑	葡　萄
35	烯酰吗啉	黄　瓜
36	香菇多糖	西葫芦，烟草
37	乙嘧酚	黄　瓜
38	异菌脲	番茄，苹果树，葡萄，香蕉
39	抑霉唑	苹果树，柑橘
40	荧光假单胞杆菌	番茄，烟草

注：按照登记标签标注的使用范围和注意事项使用

附表 B-3　主要低毒低残留除草剂

序　号	农药品种名称	使用范围
1	苯磺隆	小　麦
2	苯噻酰草胺	水稻（抛秧田、移栽田）
3	吡嘧磺隆	水稻（抛秧田、移栽田、秧田）
4	苄嘧磺隆	水稻（直播田、移栽田、抛秧田）
5	丙炔噁草酮	水稻移栽田，马铃薯田
6	丙炔氟草胺	柑橘园，大豆田
7	精吡氟禾草灵	大豆田，棉花田，花生田，甜菜
8	精喹禾灵	油菜田，棉花田，大豆田
9	精异丙甲草胺	玉米田，花生田，油菜移栽田，夏大豆田，甜菜田，芝麻田
10	氯氟吡氧乙酸	小麦田
11	氰氟草酯	水稻（直播田、秧田、移栽田）
12	烯禾啶	花生田，油菜田，大豆田，亚麻，甜菜田
13	硝磺草酮	玉米田
14	异丙甲草胺	玉米田，花生田，大豆田
15	仲丁灵	棉花田

注：按照登记标签标注的使用范围和注意事项使用

附表 B-4　主要低毒低残留植物生长调节剂

序　号	农药品种名称	使用范围
1	S-诱抗素	番茄，水稻，烟草，棉花
2	胺鲜酯	大白菜
3	赤霉酸 A3	梨树，水稻，菠菜，芹菜
4	赤霉酸 A4+A7	苹果树，梨树，荔枝树，龙眼树
5	萘乙酸	水稻，小麦，苹果树，棉花
6	乙烯利	番茄，玉米，香蕉，荔枝树，棉花
7	芸苔素内酯	黄瓜，番茄，辣椒，苹果树，梨树，柑橘树，葡萄，草莓，香蕉，水稻，小麦，玉米，花生，油菜，大豆，叶菜类蔬菜，荔枝树，龙眼树，棉花，甘蔗

注：按照登记标签标注的使用范围和注意事项使用

附录 C 部分农药产品适用作物、防治对象与使用方法

附表 C-1 部分杀虫剂产品性能介绍

农药名称 （注册商标）	适用作物	防治对象	用量或稀释倍数	使用方法
40%辛硫磷乳 油（沂蒙®）	棉 花	棉铃虫、蚜虫	50～100毫升/亩	见光易分解， 最好在傍晚使 用，避免飘移 到敏感作物上
	蔬 菜	菜青虫	50～75毫升/亩	
	玉 米	玉米螟	75～100毫升/亩	
	果 树	蚜虫、螨 食心虫	1 000～2 000倍液	
	林 木	食叶害虫	1 000～2 000倍液	
3%辛硫磷颗粒 剂（地侠克®）	花 生	蛴螬	4 000～8 333克/亩	沟施、穴施
40%氧乐果乳 油（劳动®）	小 麦	蚜 虫	50～75克/亩	避开高温施 药，施药时防 止飘移到敏感 作物上，造成 药害
	棉 花	蚜虫、螨	62.5～100克/亩	
	水 稻	飞虱、稻纵 卷叶螟	62.5～100克/亩	
	森 林	松干蚧、松毛虫	500倍液	
77.5%敌敌畏 乳油 （沙隆达®）	小 麦	黏虫、蚜虫	50克/亩	避免在高温条 件下使用，施 药时避免飘移 到敏感作物上 造成药害
	棉 花	造桥虫、蚜虫	50～100克/亩	
	苹果树	蚜虫、小卷叶蛾	1 600～2 000倍液	
	青 菜	菜青虫	50克/亩	
1.8%阿维菌 素乳油（海正 灭虫灵®）	十字花科	小菜蛾	30～40毫升/亩	害虫低龄幼虫 期及害虫高发 生盛期施药
	苹果树	红蜘蛛 桃小食心虫	3 000～6 000倍液 2 000～4 000倍液	
	梨 树	梨木虱	1 500～3 000倍液	
30%阿维·杀 虫单可湿性粉 剂（集琦®）	菜 豆	美洲斑潜蝇	40～60克/亩	斑潜蝇1～2 龄幼虫（取食 蛀道小于2厘 米）施药

（续表）

农药名称 （注册商标）	适用作物	防治对象	用量或稀释倍数	使用方法
2.2% 甲氨基阿维菌素苯甲酸盐乳油（三令®）	蔬　菜	斜纹夜蛾、棉铃虫、烟粉虱、豆荚螟、菜青虫	2 000～3 000 倍液	害虫在 2 龄幼虫期前喷施
10% 吡虫啉可湿性粉剂（黄龙®）	小　麦	蚜　虫	30～40 克/亩	本品对豆类、瓜果等作物敏感
	水　稻	稻飞虱	10～20 克/亩	
25% 噻嗪酮可湿性粉剂（安邦®）	柑橘树 茶　树	矢尖蚧 小绿叶蝉	1 000～1 500 倍液	本品对白菜、萝卜敏感
	水　稻	飞　虱	20～30 克/亩	
48% 毒死蜱乳油（乐斯本®）	苹果树	绵　蚜 桃小食心虫	1 500～1 700 倍液	气温高于 28℃停止施药
	甘　蓝	菜青虫、蚜虫	50～75 毫升/亩	
	韭　菜	根　蛆	200～250 毫升/亩	
4.5% 高效氯氰菊酯乳油（北农®）	十字花科	菜青虫	50～100 克/亩	在虫害发生始盛期均匀施药
		蚜　虫	800～1 200 倍液	
2.5% 高效氯氟氰菊酯乳油（劲彪®）	小　麦	麦蚜、黏虫	12～20 毫升/亩	在虫害发生始盛期均匀施药
	棉　花	棉铃虫	20～60 毫升/亩	
	果　树	桃小食心虫	4 000～5 000 倍液	
	大　豆	大豆食心虫	15～20 毫升/亩	
	桃　树 蔬　菜	桃蚜、菜青虫	2 000～4 000 倍液	
30% 氰戊·马拉松乳油（桃小灵®）	苹果树	桃小食心虫	2 000～2 500 倍液	在虫害发生始盛期，避开高温均匀施药
	苹果树	蚜　虫	2 000～3 000 倍液	
	大　豆	大豆食心虫	40～60 毫升/亩	
	棉　花	棉铃虫	40～60 毫升/亩	
25% 灭幼脲悬浮剂（中迅®）	甘　蓝	菜青虫	2 000～2 500 倍液	在卵盛期和低龄幼虫期施药
	松　树	松毛虫	30～40 克/亩	
	苹　果	金纹细蛾	1 500～2 000 倍液	
	松　树	松毛虫	30～40 克/亩	

（续表）

农药名称 （注册商标）	适用作物	防治对象	用量或稀释倍数	使用方法
18% 杀虫双水剂（安邦®）	水稻、玉米、蔬菜	多种害虫	200～250 克/亩	本品对十字花科蔬菜幼苗敏感
10% 噻唑膦颗粒剂（福气多®）	黄瓜 番茄	根结线虫	1.5～2 千克/亩	毒土翻耕
25% 噻虫嗪水分散粒剂（阿克泰™）	油菜 花卉	蚜虫	4～8 克/亩	对水喷雾或2 000 到 4 000 倍液灌根避免高温施药
	番茄、马铃薯、辣椒、十字花科蔬菜	白粉虱	8～15 克/亩	
	棉花 花卉	蓟马		
5% 高效氯氰菊酯悬浮剂（卫害净®）	室内	苍蝇、蚊子蚂蚁、蟑螂	30～100 倍液	喷洒
			20 倍液	涂抹
25% 吡蚜酮可湿性粉剂（飞电®）	小麦	蚜虫	16～20 克/亩	本品杀虫作用较慢，施药后3～4 天开始见效
	水稻	飞虱		
30% 灭蝇胺可湿性粉剂（正潜®）	黄瓜	美洲斑潜蝇	27～33 克/亩	斑潜蝇为害初期施药
2.5% 溴氰菊酯乳油（敌杀死®）	大豆	食心虫	20～25 毫升/亩	在低龄若虫或低龄幼虫高峰期喷施
	棉花	棉铃虫、蚜虫	40～50 毫升/亩	
	苹果树	桃小食心虫、蚜虫	40～50 毫升/亩	
	小麦	黏虫、菜青虫	10～25 毫升/亩	
	玉米	玉米螟	20～30 毫升/亩	拌毒土于喇叭口期撒施

（续表）

农药名称 （注册商标）	适用作物	防治对象	用量或稀释倍数	使用方法
22%噻虫·高氯氟微囊悬浮剂（阿立卡®）	茶　树	茶小绿叶蝉	4～6毫升/亩	作物一季最多使用2次
	甘　蓝	菜青虫、蚜虫	5～10毫升/亩	
	果　树	蚜　虫	5 000～10 000倍液	
	小　麦	蚜　虫	4～6毫升/亩	
22.4%螺虫乙酯悬浮剂（亩旺特™）	番　茄	烟粉虱	20～30毫升/亩	用量为5 000倍液时，加入喷药液量0.2%的专用助剂
	柑橘树	蚧壳虫	4 000～5 000倍液	
22%氟啶虫胺腈悬浮剂（特福力®）	黄　瓜	烟粉虱	15～23毫升/亩	在烟粉虱成虫盛期或卵孵盛期施药2次，每次间隔7天
	柑橘树	矢尖蚧	4 500～6 000倍液	
2.5%多杀霉素乳油（菜喜®）	茄　子	蓟　马	67～100毫升/亩	药液易附着在包装上，用水将其洗下，进行二次稀释
	甘　蓝	小菜蛾	33～66毫升/亩	
97%矿物油乳油（绿颖®）	柑橘树	红蜘蛛、蚜虫	100～150倍液	不可作为助剂使用，作物正常生长情况下，方可使用本品
		蚧壳虫		
		潜叶蛾		
	梨　树	红蜘蛛		
	苹果树	红蜘蛛、蚜虫		

注：使用表中农药防治相应对象前，应认真阅读产品标签，按标签要求正确使用

附表 C-2　部分杀菌剂产品性能介绍

农药名称 （注册商标）	防治对象	用量或稀释倍数	使用方法
68% 精甲霜·锰锌水分 散粒剂（金雷®）	番茄晚疫病	100～120 克/亩	于作物生长早期阶段或发病初期开始用药
	黄瓜霜霉病	100～120 克/亩	
	葡萄霜霉病	100～120 克/亩	
	辣椒疫病	100～120 克/亩	
	西瓜疫病	100～120 克/亩	
64% 噁霜·锰锌可湿 性粉剂（杀毒矾®）	黄瓜霜霉病	172～203 克/亩	作物发病前或发病初期使用
75% 百菌清可湿性粉 剂（达科宁®）	黄瓜霜霉病	146～266 克/亩	作物病害发生前使用
	番茄早疫病	146～266 克/亩	
	花生叶斑病	111～133 克/亩	
25% 嘧菌酯悬浮剂 （阿米西达®）	番茄早疫病	24～32 毫升/亩	避免与乳油类农药和有机硅助剂混用
	黄瓜霜霉病	32～48 毫升/亩	
	辣椒炭疽病	34～48 毫升/亩	
	葡萄霜霉病	1 000～2 000 倍液	
10% 苯醚甲环唑水分 散粒剂（世高®）	梨树黑星病	6 000～7 000 倍液	用于黄瓜时应避免超剂量，本品对瓜类敏感
	黄瓜白粉病	50～83 克/亩	
	葡萄炭疽病	50～83 克/亩	
	菜豆锈病	50～83 克/亩	
	西瓜炭疽病	50～75 克/亩	
52.5% 噁酮·霜脲氰水 分散粒剂（抑快净®）	黄瓜霜霉病	25～35 克/亩	作物发病初期使用
	辣椒疫病	32.5～43 克/亩	
72% 霜脲·锰锌可湿 性粉剂（克露®）	黄瓜霜霉病	600～750 倍液	作物发病前或发病初期使用
	番茄晚疫病	600～750 倍液	

（续表）

农药名称 （注册商标）	防治对象	用量或稀释倍数	使用方法
72.2% 霜霉威盐酸盐水剂（普力克®）	黄瓜霜霉病	600～1 000 倍液	作物发病前或发病初期使用
	黄瓜猝倒病、疫病	400～600 倍液	
	辣椒疫病	600～900 倍液	
40% 氟硅唑悬浮剂（福星®）	黄瓜黑星病	800～1 000 倍液	发病初期开始施药每隔 10～15 天施 1 次，共施 3～4 次
	葡萄黑豆病		
	菜豆白粉病		
	梨黑星病		
80% 代森锰锌可湿性粉剂（大生®）	黄瓜霜霉病	170～250 克/亩	作物发病前施药
	番茄早疫病	125～188 克/亩	
	辣椒疫病	150～200 克/亩	
	西瓜炭疽病	125～188 克/亩	
	果树轮纹病、黑星病	600～800 倍液	
70% 代森锰锌可湿性粉剂（农猎手®）	番茄晚疫病	175～225 克/亩	高浓度高温下施药，易产生药害
36% 硝苯菌酯乳油（长拉生®）	黄瓜白粉病	28～40 毫升/亩	对水喷雾
20% 三唑酮乳油（黄龙®）	小麦白粉病、锈病	50 毫升/亩（800～1 000 倍液）	本品对瓜类敏感
70% 甲基硫菌灵可湿性粉剂（甲基托布津®）	番茄叶霉病	36～55 克/亩	不能与铜制剂或强碱性药剂混用
	梨树黑星病	800～1 000 倍液	
	果树轮纹病	800～1 200 倍液	
	瓜类白粉病	35～50 克/亩	
	小麦赤霉病	70～100 克/亩	

（续表）

农药名称 （注册商标）	防治对象	用量或稀释倍数	使用方法
50% 多菌灵可湿性粉剂（蓝丰®）	果树病害	800～1 000 倍液	发病前期与发病初期使用效果好
	花生倒秧病	100 克/亩	
	麦类赤霉病病	100 克/亩	
	油菜菌核病	150～200 克/亩	
	水稻纹枯病、稻瘟病	100 克/亩	
40% 烯·烃吗啉胍可溶性粉剂（克毒宝™）	番茄病毒病	187～375 克/亩	作物发病初期使用
65% 甲硫·乙霉威可湿性粉剂（果霉宁®）	黄瓜灰霉病	1 500 倍液	番茄喷花
5% 井冈霉素水剂（钱江™）	水稻纹枯病	10～12.5 克/亩	与其他杀菌剂轮换使用
45% 敌磺钠可湿性粉剂（丹东™）	白菜霜霉病	500 倍液	对水喷雾
	棉花苗期病害	每千克种子 5 克	拌　种
	小麦黑穗病	每千克种子 3 克	
72% 农用链霉素可湿性粉剂（高营®）	大白菜软腐病、黑腐病	1 000 万单位/亩（对水 50 千克）	青枯病灌根使用，施药间隔期为 7 天
	番茄青枯病、溃疡病	1 000 万单位/亩（对水 50 千克）	
	黄瓜细菌性角斑病	1 000 万单位/亩（对水 50 千克）	
	辣椒疮痂病、软腐病	1 000 万单位/亩（对水 40 千克）	
60% 乙霉·多菌灵可湿性粉剂（金万霉灵®）	番茄灰霉病	80～160 克/亩	对水喷雾
45% 石硫合剂晶体（基得®）	果树叶螨、介壳虫、白粉病	150～300 倍液	喷过乳油剂或波尔多液的作物，隔 30 天才能喷施本品

（续表）

农药名称 （注册商标）	防治对象	用量或稀释倍数	使用方法
1.5% 噻霉酮水乳剂 （金霉唑®）	黄瓜霜霉病	1 000～1 250 倍液	发病初期喷药2～3次，每隔7～10天喷一次，病情严重适当增加用药量
60% 唑醚·代森联水分散粒剂（百泰®）	黄瓜霜霉病、辣椒疫病、番茄晚疫病、马铃薯晚疫病、葡萄霜霉病	1 000～2 000 倍液	发病前或发病初期使用
50% 啶酰菌胺水分散粒剂（凯泽®）	黄瓜、草莓灰霉病	33～47 克/亩	药剂可通过根部吸收发挥作用
30% 醚菌·啶酰菌悬浮剂（翠泽®）	黄瓜、甜瓜白粉病	45～60 毫升/亩	对水喷雾
	草莓白粉病	25～50 毫升/亩	
	苹果树白粉病	2 000～3 000 倍液	
75% 肟菌·戊唑醇水分散粒剂 （拿敌稳™）	黄瓜白粉病、炭疽病	10～15 克/亩	发病初期使用
	番茄早疫病		
50% 醚菌酯水分散粒剂（翠贝®）	黄瓜白粉病	13～20 克/亩	对水喷雾
	草莓白粉病、梨树黑星病	3 000～5 000 倍液	
	苹果树斑点落叶病	3 000～4 000 倍液	
	苹果树黑星病	5 000～7 000 倍液	
50% 腐霉利可湿性粉剂（速克灵™）	番茄灰霉病	67～100 克/亩	药剂调配后要尽快使用
50% 烯酰吗啉水分散粒剂（霜安®）	蔬菜霜霉病、晚疫病	30～40 克/亩	与其他杀菌剂交替使用
	黄瓜霜霉病		
	蔬菜苗期猝倒病		

（续表）

农药名称（注册商标）	防治对象	用量或稀释倍数	使用方法
45% 咪鲜胺水乳剂（辉丰使百克™）	柑橘绿霉、青霉病	450～900 倍液浸果	采后保鲜常温药液浸果 1 分钟，捞起涂干
	香蕉冠腐病		
	水稻稻瘟病	44.4～55.5 克/亩	浸　种
25% 戊唑醇水乳剂（戊安®）	苹果斑点落叶病、褐斑病	2 500～3 000 倍液	作物发病前或发病初期使用
	枣锈病		
	梨树黑星病、黑斑病	3 000～4 000 倍液	
	马铃薯早疫病		
	葡萄白粉病、炭疽病、白腐病	2 000～3 000 倍液	
	玉米大斑病、小斑病		
	小麦白粉病、锈病		
	油菜菌核病	1 500 倍液	
	黄瓜白粉病、芹菜叶斑病		
	番茄叶霉病、早疫病		

注：使用表中农药防治相应对象前，应认真阅读产品标签，按标签要求正确使用

附表 C–3 部分除草剂产品性能介绍

农药名称（注册商标）	适用作物	防除对象	用量或稀释倍数	防治适期及方法
57% 2, 4-D 丁酯乳油（农德益®）	春玉米	阔叶杂草	40～50 毫升/亩	茎叶喷雾处理，小麦二叶期至拔节期，杂草3～4叶期施用，杂草二叶期茎叶喷雾处理
	小麦	阔叶杂草	50～70 毫升/亩	
18% 苯磺隆可湿性粉剂（亿力®）	小麦	一年生阔叶杂草	4.2～7 克/亩	小麦二叶期至拔节期，杂草3～4叶期施用
38% 莠去津悬浮剂（三征®）	玉米高粱	一年生杂草	316～395 克/亩	播后苗前土壤处理
	果树梨树	一年生杂草	285～329 克/亩	2年以上树龄
50% 乙草胺乳油（农德益®）	大豆	稗草、马唐、狗尾草、硬草	160～250 毫升/亩	播种后杂草出土前施药；地膜田在覆膜前施药；移栽油菜在移栽前全面喷雾施药（湿度要合适或偏大为好），对水每亩30～50千克均匀施于土壤表面
	玉米	早熟禾、牛筋草、看麦娘	120～250 毫升/亩	
	花生	碎米莎草、臂型草	100～160 毫升/亩	
41% 丁·异·莠去津悬浮剂（玉农思®）	夏玉米	一年生杂草	200 克/亩	土壤处理
	春玉米	一年生杂草	300～400 克/亩	土壤处理
55% 硝磺·莠去津悬浮剂（耕杰®）	大田玉米	阔叶杂草	80～120 克/亩	一年生禾本科杂草1～3叶期或一年生阔叶杂草2～4叶期每亩加水15～30千克均匀喷雾（糯玉米、爆裂玉米、自交系玉米和甜玉米不适用）
		单子叶杂草	80～120 克/亩	
50% 丁草胺乳油（农德益®）	水稻	一年生禾本科杂草、稗草	100～170 克/亩	毒土撒施，均匀拌入返青肥撒施

（续表）

农药名称 （注册商标）	适用作物	防除对象	用量或稀释倍数	防治适期及方法
50%二氯喹啉酸可湿性粉剂（稻普®）	水稻	秧田单子叶杂草	40～50克/亩	插秧后5～20天，杂草2～5叶期，水排干，喷雾施药；水稻二叶期后，稗草2～3叶期施药；施药后1～2天灌水2～5厘米
		直播田稗草	40～50克/亩	
33%二甲戊灵乳油（施田补®）	甘蓝 韭菜	稗草、马唐、狗尾草、藜、马齿苋、苘麻、异型莎草、龙葵等一年生杂草	100～150毫升/亩	移栽前1～3天或韭菜割后伤口愈合期施药；种子条播覆土2～3厘米后施药
41%草甘膦异丙胺盐水剂（欢田®）	荒地作物行间	一年生杂草	180～250毫升/亩	杂草现蕾至开花阶段，生长量最大阶段早、晚喷雾，避免阳光及露水过多
		多年生杂草	300～500毫升/亩	
		恶性杂草灌木	400～600毫升/亩	
20%百草枯水剂（侨昌®）	玉米田	杂草	150～200毫升/亩	玉米9～10叶期定向喷雾
	免耕田		150～200毫升/亩	播前1～2天施药
	荒地 果园		200毫升/亩	
48%氟乐灵乳油（农德益®）	棉花	一年生禾本科、阔叶杂草	100～150毫升/亩	每亩用药量对水45～60千克，播前2～3天
	大豆	一年生禾本科、部分阔叶杂草	100～150毫升/亩	每亩用药量对水45～60千克，播前5～7天
	辣椒	一年生杂草	100～150毫升/亩	每亩用药量对水45～60千克，移栽前5～7天
20%莠去津悬浮剂（金玉水®）	夏播玉米	多年生禾本科杂草	80～120克/亩	玉米4～6叶期，杂草3叶期，每亩加水20～30千克茎叶喷雾处理

（续表）

农药名称 （注册商标）	适用作物	防除对象	用量或稀释倍数	防治适期及方法
10.8% 精喹 禾灵乳油 （盖草能®）	大豆田	一年生禾本科 杂草	30～50 毫升 / 亩	每季最多使用 1 次， 茎叶喷雾
	花生田		20～30 毫升 / 亩	
	甘蓝田		30～40 毫升 / 亩	
	棉花田		25～30 毫升 / 亩	
	西　瓜		35～50 毫升 / 亩	
	春大豆田 棉花田	芦　苇	60～90 毫升 / 亩	
42% 异丙 草·莠悬 浮剂（玉 农思®）	春玉米	一年生杂草	200～300 毫升 / 亩	播后苗前
	夏玉米		180～240 毫升 / 亩	
48% 甲草·莠 去津悬浮剂 （侨虎®）	夏玉米	一年生杂草	200～250 毫升 / 亩	茎叶喷雾处理（玉 米 3～5 叶，杂草 2～4 叶）
4% 烟嘧磺隆 可分散油悬 浮剂（侨安®）	玉　米	一年生杂草	70～100 毫升 / 亩	茎叶喷雾处理（玉 米 3～5 叶，杂草 2～4 叶）
10% 精恶唑 禾草灵乳油 （骠牛®）	冬小麦	一年生禾本科 杂草	40～50 毫升 / 亩	茎叶喷雾
44%2 甲·草 甘膦水剂 （给力锄®）	苹果园	一年生杂草	150～350 毫升 / 亩	定向茎叶喷雾
20% 乙羧氟 草醚乳油 （侨歌®）	大豆田	一年生阔叶 杂草	20～27 毫升 / 亩	茎叶喷雾
28.8% 氯氟 吡氧乙酸异 辛酯乳油 （侨隆®）	玉米田	阔叶杂草	50～70 毫升 / 亩	茎叶喷雾

注：使用表中农药防治相应对象前，应认真阅读产品标签，按标签要求正确使用

附表 C-4　部分植物生长调节剂产品性能介绍

农药名称（注册商标）	适用作物	调节作用	用量或稀释倍数	施用时期及方法
0.136%赤·吲乙·芸苔可湿性粉剂（碧护®）	黄　瓜	打破休眠，促进生根，提高坐果率，活化细胞，解除药害，增加产量和改善品质，提高抗冻、抗旱和抗病虫害促进果实膨大，保花保果，改善品质，增强耐贮性	8～15 克 / 亩	定植后第一次；开花前 5～7 天第二次叶面喷雾
	苹果树		6～10 克 / 亩	芽孢萌发初期第一次施用；谢花后 7～10 天第二次叶面喷雾
	小　麦		8～15 克 / 亩	浸种或 2～6 叶期第一次施用；拔节期第二次叶面喷雾
	大　豆花　生		200 克 / 亩	苗期、开花期、结荚期、饱果期叶面喷施
	小　麦玉　米		250 克 / 亩	拔节期、孕穗期、抽穗期、灌浆期叶面喷施
40%乙烯利水剂（安邦®）	番茄催熟	促进果实成熟、叶片果实脱落、矮化植株、催熟、增产	320～400 倍液	喷雾或浸渍
	大麦防倒伏		50～60 克 / 亩	对水喷雾
85%赤霉酸结晶粉（钱江®）	葡　萄	增产、无核	4 250～17 000 倍液	花后 1 周处理果穗
	花　卉	提前开花	1 214 倍液	叶面处理涂抹花芽
	柑橘树	果实增大、增重	21 250～42 500 倍液	喷　花
	芹　菜	增加鲜重	8 500～42 500 倍液	叶面处理 1 次

（续表）

农药名称 （注册商标）	适用作物	调节作用	用量或稀释倍数	施用时期及方法
50% 矮壮素水剂（碧荣®）	棉　花	防止疯长	25 000 倍液	喷　顶
	棉　花	防止徒长，化学整枝	10 000 倍液	喷顶，后期喷全株
	棉　花	提高产量，植株紧凑	10 000 倍液	喷雾，浸种
	小　麦	防止倒伏，提高产量	100 ～ 400 倍液	返青、拔节期喷雾
	玉　米	增产	0.5% 药液	浸　种
15% 多效唑可湿性粉剂（黄龙®）	水　稻 油　菜	控制生长	40 ～ 50 克 / 亩	亩对水 40 ～ 50 千克，于开花盛期用药 1 次，茎叶均匀喷雾

注：使用表中农药防治相应对象前，应认真阅读产品标签，按标签要求正确使用

参考文献

［1］中华人民共和国农产品质量安全法. 2006 年施行.

［2］农药管理条例. 1997 年施行.

［3］农药管理条例实施办法. 1999 年施行.

［4］农药标签和说明书管理办法. 2008 年施行.

［5］植物检疫条例. 1992 年施行.

［6］植物检疫条例实施细则（农业部分）. 2007 年施行.

［7］农药广告审查办法. 1998 年施行.

［8］北京市食品安全条例. 2013 年施行.

［9］费有春，徐映明. 农药问答（第 3 版）［M］. 北京：化学工业出版社，1997.

［10］韩召军. 植物保护学通论［M］. 北京：高等教育出版社，2001.

［11］徐汉虹. 植物化学保护学（第 4 版）［M］. 北京：中国农业出版社，2007.

［12］郑建秋. 控制农业面源污染指导手册［M］. 北京：中国林业出版社，2013.

［13］赵清，邵振润等. 农作物病虫害专业化统防统治手册［M］. 北京：中国农业出版社，2011.

［14］农业部农药检定所. 科学使用生物农药［M］. 北京：中国农业出版社，2013.

［15］农业部农药检定所. 农药经营人员读本［M］. 北京：中国农

业大学出版社，2012.

［16］农业部农药检定所. 农药标签管理与安全技术指南［M］. 北京：中国农业大学出版社，2010.

［17］农业部农药检定所. 农药管理政策实用手册［M］. 北京：中国农业大学出版社，2009.

［18］梁帝允，邵振润. 农药科学安全使用［M］. 北京：中国农业科学技术出版社，2011.

［19］郭永旺，邵振润，赵清. 植保机械与施药技术培训指南［M］. 北京：中国农业出版社，2013.

［20］任宗刚. 北京 12316 农业服务热线农业技术咨询 1 000 例［M］. 北京：中国农业大学出版社，2010.

［21］杨永珍. 假劣农药鉴定技术手册［M］. 北京：中国农业出版社，2006.

［22］顾宝根，刘绍仁. 农药登记管理 100 问［M］. 北京：中国农业大学出版社，2004.

［23］郭喜红，董民，尹哲. 蔬菜主要病虫害安全防控原理与实用技术［M］. 北京：中国农业科学技术出版社，2014.

［24］郑建秋. 现代蔬菜病虫鉴别与防治手册（全彩版）［M］. 北京：中国农业出版社，2004.

［25］吕佩珂，李明远，吴钜文. 中国蔬菜病虫原色图谱［M］. 北京：中国农业出版社，1992.

［26］全国农业技术推广服务中心. 农作物有害生物测报手册［M］. 北京：中国农业出版社，2008.